上海大学出版社

2005年上海大学博士学位论文 28

U0358915

旋转电机磁场计算数值解析结合法研究

- 作者：章跃进
- 专业：控制理论与控制工程专业
- 导师：江建中

旋转电机磁场计算数值解析结合法研究

作　　者：章跃进
专　　业：控制理论与控制工程专业
导　　师：江建中

上海大学出版社

·上海·

Shanghai University Doctoral
Dissertation（2005）

Research on Numerical and Analytical Combined Method of Magnetic Field Computation for Rotational Electrical Machines

Candidate: Zhang Yuejin
Major: Control Theory and Engineering
Supervisor: Prof. Jiang Jianzhong

Shanghai University Press
· **Shanghai** ·

上 海 大 学

　　本论文经答辩委员会全体委员审查,确认符合上海大学博士学位论文质量要求.

答辩委员会名单:

评阅人名单:

　　陶生桂　教授,上海同济大学　　　　　　　　　200331

　　付丰礼　教授级高工,上海电气科学研究所　　200063

　　屠关镇　教授,上海大学　　　　　　　　　　　200072

评议人名单:

　　张逸成　教授,上海同济大学　　　　　　　　　200331

　　秦　和　教授级高工,上海电气科学研究所　　200063

　　谭茀娃　教授,上海交通大学　　　　　　　　　201800

　　叶金虎　教授级高工,电子工业部 21 所　　　　200233

答辩委员会对论文的评语

现代电机系统因其结构的特殊性和电路拓扑结构的复杂性,迫切需要探索新的计算方法以提高设计精度.论文对旋转电机磁场计算提出了将数值法和解析法相结合的计算方法,使两种方法的长处都得到了充分发挥.论文的主要成果和创新点是:

1. 建立了旋转电机数值解析结合法二维气隙磁场的完整数学模型,采用自然交界条件实现了气隙磁场解析式和定转子磁场有限元方程的无误差连接;编制了相应的计算机程序,成功解决了旋转电机电磁场计算时转子自由转动的难题,为电机感应电势、电磁转矩和动态过程的精确计算创造了条件.

2. 通过对三种特殊结构的永磁电机磁场的计算,验证了本方法的正确性和实用性.

3. 建立了电机磁链函数的数学模型,可用于电机动态计算.该计算方法既计及磁场铁心饱和等非线性因素,又可适应各种电路拓扑结构,具有很好的通用性.

综上所述,表明作者理论基础扎实,专业知识系统深入,科研能力强,有创造性成果.有限元和解析法相结合是旋转电机磁场计算的发展方向之一,对提高现代电机的设计水平有重要的学术意义和应用价值.

论文条理清晰、层次分明、文笔流畅.论文已达到博士学位水平.答辩过程中,表述清楚,回答问题正确.

答辩委员会表决结果

经答辩委员会表决,全票同意通过章跃进同学的博士学位论文答辩,建议授予工学博士学位.

答辩委员会主席: 陶生桂

2005 年 5 月 19 日

摘　　要

　　将数值法与解析法相结合计算旋转电机的二维磁场,计算时,电机的定转子区域用有限元法处理,气隙区域内的磁场用解析式表示.考虑磁场的周期性,建立了计及电机周期数的旋转电机气隙磁场解析表达式.数学模型建立以后,两类方程的正确连接是把有限元方程和解析表达式整合为整体方程的关键.考虑到只要在交界面上矢量磁位连续,就自动满足磁场强度切向分量相等,于是采用矢量磁位相等的自然交界条件建立两类方程的联系.该处理过程简便,且做到了无误差连接.经过程序实现,将计算结果与纯有限元法用自适应网格剖分技术经过网格精细剖分后的计算结果比较,两者非常吻合,充分肯定了数值解析结合法的计算精度.

　　电机磁场的精确计算在现代电机设计中的作用越来越重要,与此同时现代电机设计和分析对磁场计算提出了更高的要求.实现转子的转动是完成许多重要计算的必要条件.由于电磁场有限元分析方法具有通用性好、计算精度高的特点,因此成为目前首选的电机磁场数值计算方法.在转子转动时如何避免气隙区域内网格形状的畸变,是有限元法遇到的棘手问题.数值解析结合法的应用,使旋转电机磁场计算时转子能够自由转动,为电机感应电动势、电磁转矩乃至动态过程计算提供了极大的方便,计算精度也随之提高.

　　电机感应电动势、电磁转矩、电感参数的计算都需要转子的转动,动态计算更需要转子的灵活转动.由于气隙磁场采用了解析表达式,气隙区域内不存在有限元网格,消除了纯有限元法中转子难以任意转动的根本障碍,在实现转子的自由旋转方面取得了突破.

麦克斯韦应力张量法是计算电机电磁转矩的有效方法.现在气隙磁场采用解析模型,气隙区域无网格,气隙内积分计算的精度不会受到网格形状优劣的影响.同时,电磁转矩表达式中确实不含有气隙内积分圆周半径这一变量,既计算结果与积分路径无关,与理论上的结论相一致.电磁转矩的计算精度得到了保证.

用数值解析结合法分别计算了轮毂式永磁无刷直流电机、各相解耦正弦波永磁电机、双凸极双馈永磁电机的磁场.三种电机的感应电动势计算波形和实验波形比较,取得了较为一致的结果,证明了该方法的有效性和通用性.

论文最后进行了轮毂式永磁无刷直流电机的动态过程计算.与现有的动态计算方法不同,论文建立了以磁链函数描述的电机非线性动态数学模型.首先利用数值解析结合法计算出作为电流和转子位置多元函数的绕组磁链,然后进行动态计算.将电机磁场和动态过程的两种复杂计算分开,而在动态计算中又切实计及了非线性因素,使计算结果更符合实际,且更能适应电路拓扑结构的复杂变化.电机电流计算波形与实验波形比较,取得了较为一致的结果,验证了该方法的正确性.

关键词:有限元法,数值解析结合法,旋转电机,磁场计算,转子转动,磁链函数

Abstract

Numerical method and analytical method are combined to compute two-dimensional magnetic fields of rotational electric machines in the dissertation. In the numerical and analytical combined method the magnetic fields in stator and rotor regions are dealt with by the finite element method while the magnetic field in air gap region is expressed by the analytical expressions. The analytical expression for air gap magnetic field of rotational electric machines is derived, in which the number of equivalent pole pairs is taken into account so that period conditions can be dealt with in the computation. When the mathematical model is established, the correct connection of two kinds of equations becomes a sticking point for the finite element equations and the analytical expressions to be integrated as a whole equation. The circumference components of magnetic intensity on the common boundary will be automatically equal by using of the natural boundary conditions on air gap surfaces of the stator and rotor, that is if only vector magnetism potentials on the common boundary are continued. Therefore the natural common boundary condition of equal vector magnetism potentials is applied to connect the finite element equations and the analytical expressions in the dissertation. The process is simple and convenient, from which no error connection is realized. The precision of the numerical and analytical combined method in the dissertation is fully affirmed by comparing the computation results with those of the finite element method in which a very fine spatial discretisation is created by an adaptive meshing algorithm. The numerical and analytical combined method in the dissertation is valid by the examples of the magnetic field computation for three special electrical machines.

The accurate computation of magnetic fields is more and more important for modern electric machine design and meanwhile the modern design and analysis for electric machines bring forward higher request for magnetic field computation. The rotor rotation during magnetic field computation is necessary for many important calculations. Because of good applicability and high precision the finite element analysis method has become the preferred method for numerical magnetic field computation of machines. How to avoid aberration of grid shapes in the air gap region when rotor rotates, however, is the trickiness problem for the finite element method. With the numerical and analytical combined method the rotor can be freely rotated during magnetic field computation, which provides great convenience for computing machine induced electromotive force, electromagnetic torque and dynamic process etc. , and higher computation precision will be obtained that is very important for modern machine design and analysis.

The rotor rotation is needed for many calculations such as induced electromotive force，electromagnetism torque，inductance parameters etc. The agile rotor rotation is more needed for dynamic computations. The fundamental obstacle to rotor arbitrary rotation in finite element method is finite element mesh in air gap region. When the magnetic field in air gap is expressed by analytic expressions there exists no finite element meshes in the air gap region. Therefore the magnitude breakthrough is obtained in realization of rotor free rotation by application of the numerical and analytical combined method.

Maxwell stress method is an available one to calculate electromagnetism torque of machines. Since the magnetic field in air gap is expressed by analytical model there is no finite element meshes in air gap region so that the precision of integral calculation in air gap will not be affected from mesh shapes. At the same time the expression of electromagnetic torque does not include the variable of integral radius in air gap region. It is correct in the theory that the result of electromagnetic torque calculation is surely independent of the circle radius of the line integral. The more accurate electromagnetic torque will be obtained.

The magnetic fields of three different type machines，wheel drum permanent magnet brushless DC motor，phase-decoupled permanent magnet synchronous motor，novel stator doubly-fed doubly-salient permanent-magnet machine，are computed by the numerical and analytical combined method in the dissertation. Induced electromotive force waveforms of three kinds of machines calculated by the method are quite accordant to the experiment results, which prove the validity and adaptability of the method in the dissertation.

Dynamic process of the wheel drum permanent magnet brushless DC motor is computed in the dissertation. Different from existing dynamic computation methods, the nonlinear dynamic mathematic model expressed by flux linkage function of machines is established in the dissertation. The winding flux linkages as multi-variable function of currents and rotor position are computed by the numerical and analytical combined method at first. The dynamic process is then calculated. Therefore the two complicated computations of magnetic field and dynamic process are separated and the nonlinear complication is assuredly counted in the dynamic computation. The results will be more accorded with practice and this means can adapt to the complex variation of circuit topology.

Keywords: Finite element method, numerical and analytical combined method, rotational electric machines, magnetic field computation, rotor rotation, flux linkage function

目　　录

第一章 绪 论

1.1 研究背景

随着永磁材料的开发利用以及电力电子技术、计算机技术的迅速发展,出现了许多新颖的以自同步方式运行的电机结构形式,比如永磁无刷电机、开关磁阻电机、横向磁场电机和轴向磁场电机[1~9]等等.针对新型结构电机的特点,电机设计方面一直在不断地探索和改进.为了抑制永磁无刷电机的齿槽定位转矩,相应有分数槽绕组、定子斜槽、转子斜极、非均匀气隙等措施[10~15].对于因感应电势波形非正弦导致的转矩纹波脉动,则利用定子绕组以及气隙磁场的合理设计使电势波形接近理想正弦波.气隙磁场的有效控制一直是永磁电机研究的热点和难点,为了扩大电机弱磁运行范围,从电机本体的角度考虑,出现了混合励磁的结构形式[16~18].定子双馈双凸极永磁电机是将永磁和磁阻相结合,实现了双凸极永磁电机气隙磁场的有效调节[19].由此可见,伴随着新结构电机而出现了许多新的研究课题,对电机的电磁设计与分析必然提出新的要求.新结构电机与传统电机不同,传统电机有多年的理论研究和长期的生产实践,积累了大量的经验和数据.有关的公式、系数以及曲线可以比较放心地使用.而新型电机结构特殊,不能简单照搬传统电机中的经验公式或结论.结构的特殊性和磁场的非线性,使一般的简化公式在电机设计和分析方面已不能满足工程计算精度的基本要求.针对具体问题需要仔细地分析研究,如电机电势谐波和电流谐波引起的转矩脉动、永磁电机铁心开槽产生的齿槽定位转矩、电机感应电动势波形、电磁转矩以及电感参数的准确计算等等[20~29].

新型结构电机的出现首先应归功于功率变换器. 20 世纪 70 年代,大功率半导体器件成功应用,出现了功率变换器,由此对电机工业产生了重大影响. 功率变换器采用电力电子控制技术,其最大特点是供电方式灵活. 最初功率变换器与常规的交流电机结合构成交流调速系统,如异步电动机的调压调速系统和调频调速系统,同步电动机的自控频率调压调速系统[30~36]. 实际上,由于采用了电力电子控制技术,只要能够根据电机转子位置信号,适时进行功率开关元件的通断控制,电机就能连续运行. 所以,以自同步方式运行的新型结构电机必然要与功率变换器相配合,组成机电一体化系统. 这样在电机的电磁设计和分析中,电机的供电方式也是必须要考虑的重要因素. 功率变换器的使用首先打破了传统交流电机由正弦电源供电的常规,导致电机的运行状态更加复杂. 由于是非正弦电源供电,电机即使在转速稳定时,其内部的电磁过程仍然是动态的. 因此,在设计和分析电子控制电机时将面临诸多复杂问题:电源波形的非正弦、电机结构的特殊性、电磁参数的非线性、控制方式的多样性等.

鉴于新型结构电机的特殊性,其性能分析还是要从电机的基本电磁关系入手,以电机磁场的分布和变化情况为依据. 因此,电机磁场计算成为新型电机分析和设计不可缺少的重要方法. 借助于计算机的发展,几十年来电机电磁场研究尤其是数值解法取得了丰硕成果[37~44].

解析法和数值法是电机电磁场计算的两大类方法. 最初由于受到计算手段的限制,有关研究主要集中在解析法上. 相应的方法有直接积分法、保角变换法、分离变量法等. 电机的结构形状和场源分布是比较复杂的,而且存在铁磁材料磁导率非线性的情况,而解析法一般仅适用于边界形状规则、媒质线性的场合. 因此,解析法在电机中应用的局限性很大,其研究主要是针对某些局部问题. 如确定出一些比例系数(卡氏系数、漏磁系数)、集中电路参数等. 近年来,用解析法计算表面磁钢永磁电机的气隙磁场也取得较好的效果[45~51]. 但是计算中不得不作必要的简化,如铁芯磁导率无穷大、用相对磁导函数等效定子开槽的影响等等. 另外, 该方法仅适用表面式磁钢的情况, 当磁钢放置在铁心内部时, 磁钢的气隙磁场模型难以建立. 解析法的优点是在合适的情况下能获得物理概念较清晰的解析解, 计算过程简捷, 缺点是一旦得不到合适的条件就会一筹莫展, 局限性非常突出.

计算机的发展促进了电机电磁场的研究工作, 数值解法应运而生. 根据微分方程导出的数值解法主要包括有限差分法和有限单元法. 差分法原理直观, 实现方便, 但是网格剖分灵活性小, 难以适应边界形状复杂、场量分布变化大的情况. 有限元法依据的基本理论是变分原理, 同时吸取了有限差分法中离散处理的基本思想, 而有限元法的网格剖分更加灵活, 对不规则边界可以做到较好地逼近, 因此具有适应性强、计算精度高的特点. 根据积分方程导出的数值解法有边界单元法. 该方法的离散对象位于边界上, 待求量比较少, 对于开域或半开域问题显示出优越性. 但是在具体计算中要解决奇异积分问题, 而且一般仅适用线性情况, 对于多媒质、非线性问题的求解有相当的难度. 有时为了提高计算精度, 不得不增加待求量, 使未知量少的优点不再存在, 形成的系数矩阵也是满阵. 所以经过多年的实践, 有限元法因其通用性强、计算精度高已然是电机电磁场数值计算的首选方法, 在电机磁场的数值计算中占据了主导地位.

随着研究的深入, 电机的动态过程也受到了更多的重视. 尤其是对于电力电子控制电机, 即使是稳态性能分析也需要考虑其电磁动态过程. 目前相对简单和常用的方法是利用电机等效电路参数描述的状态方程进行数字仿真[52, 53]. 这时, 动态计算的准确性与系统数学模型、电机等效参数、动态计算方法有关, 其中电机参数对动态计算精度的影响成为主要因素. 通常, 由于电机铁芯磁饱和的影响, 电机的电感为非线性, 而且各相绕组之间存在强耦合, 用等效电感描述的电机状态方程难以满足精确计算的要求. 有限元法的磁场计算能够真实反映电机内部的实际情况, 因此也被应用于电机的动态过程计算中, 于是出现了场路耦合法[54~64]. 场路耦合法也称为时步法, 其特点是在每一时刻, 将电机有限元方程和状态方程同时求解, 随着时间和转子位置的变化,计算出电机新的磁场值和电流值.

时步法又可分为两种,一种是有限元—状态空间模型时步法[59~61]. 该方法中磁场有限元方程和电路状态方程保持相对独立,通过电感参数建立耦合. 其优点是两类方程的形成和求解可以继承原有的方法,电路方程的相对独立便于处理电路拓扑结构的复杂变化. 采用更多的一种时步法是将电路方程和磁场方程直接耦合成一个总体方程,方程中同时包括空间区域的离散和时间的离散,磁场和电流同步求解. 该方法省去了磁场和电流迭代计算的过程,不需要专门计算电感值. 但总体方程是有限元方程和状态方程的混合,复杂程度明显增加.

1.2 问题的提出

现代电机设计对磁场计算的要求越来越高,利用磁场计算的结果获得精确的电机运行参数显得日益重要. 为了求得电机中反映机电能量转换的两个重要物理量感应电动势和电磁转矩,需要进行多次磁场计算. 有限元法计算电机电磁场是依照前处理、磁场计算、后处理三个步骤按部就班进行的. 电机磁场的多次计算意味着有限元法的三个步骤需要多次轮流交替进行. 虽然有限元前处理技术已日益完善,但在计算过程中反复进行前处理是一件困难的事情. 尤其是用有限元法计算动态过程,三个步骤必须连续交替进行,难度大、费时多.

● 感应电动势计算

根据法拉第电磁感应定律,感应电动势通过磁链对时间的求导得到. 这就需要计算出不同转子位置时的绕组磁链. 在磁场计算时要将转子进行转动,对不同的转子位置逐个进行磁场计算,算出随转子位置变化的绕组磁链,然后对磁链求导计算出感应电动势. 这一过程需要解决转子转动、转角大小和磁链导数计算等问题.

转子的转动将引起气隙网格的畸变,这是需要避免的,否则会影响计算精度. 转动角度的大小同样需要慎重选择,角度太大将影响磁链导数的计算精度,角度太小,则对气隙网格剖分的要求太高,其选取需要专业的判断和经验[21]. 一般而言,为了确保一定的计算精度,平均间隔 2° 电角度不算是苛刻的要求,但有时对于极数较多的电机却不一定能办到. 比如,以一台 22 极 24 槽永磁无刷电机为例,其半个圆周区域(满足半周期条件)对应的电角度为 1 980°. 于是在半个圆周的气隙边界线上至少要有 991 个节点. 显然,在气隙区域采用如此高密度的剖分是难以承受的. 所以,为了计算感应电动势的波形曲线,不仅磁场计算量非常大,有时甚至不能得到精确的结果.

- 电磁转矩计算

有限元法计算电磁转矩,一般采用虚位移法或麦克斯韦应力张量法. 从计算精度考虑,两种方法都要求有高质量的网格剖分[65]. 算一个转矩值,虚位移法至少要计算两次磁场,效率不够高. 相对而言,麦克斯韦应力张量法计算电磁转矩只需要在气隙内部沿圆周进行一次线积分,而且理论上计算结果与积分路径无关,因此用得较多. 但是,气隙中的线积分路径必然要穿过许多个有限元网格,这时网格的品质以及从何处穿过网格单元,都是很有讲究的,同样需要专业的判断和经验. 网格形状和积分路径对电磁转矩的计算结果有显著的影响. 理论上计算结果与积分路径无关的特性在实际应用中没有得到体现. 一般做法是将气隙分为三层,积分路径取在中间层的网格上,其理想的网格形状是等边三角形,因此对气隙网格剖分要求较高.

另外,考虑到电机铁心开槽、电动势和电流的谐波分量,电机会产生脉动转矩,这时需要计算不同转子位置时的空载磁场或负载磁场,同样要将转子进行转动,以计算电磁转矩的变化情况,计算工作量也非常大. 有时为了捕捉到齿槽定位转矩的最大值,不得不在圆周方向上作非常精细的剖分[65],这无疑又是一个难题.

- 动态过程计算

对于电力电子控制电机,电机的动态过程计算已成为非常重要的一个方面. 场路耦合法是有效和精确的方法. 但是, 场路耦合法的复杂程度显著增加, 磁场计算量也大大增加. 对于有限元—状态空间模型时步法, 每一时刻的磁场和电流的最终解答需要通过有限元方程和状态方程之间反复迭代得到, 为了获得电机的电感参数, 每个时刻磁场计算需进行多次. 考虑到电感的非线性, 不仅要算出该时刻的电感值, 还应求出此刻电感的变化率. 因此有"增量"和"视在"电感 (incremental and apparent inductances) 的概念[59], 近似考虑了电感变化率. 该方法包容了磁场和电路两类方程, 整个程序庞大, 两类方程反复交替求解必然导致计算过程相当长. 对于电路状态方程和磁场方程直接耦合的时步法, 省去了磁场和电流迭代计算的过程, 不需要专门计算电感值. 但总体方程是有限元方程和状态方程的混合, 复杂程度明显增加. 由于功率器件的开关状态变化多样, 电机的电路拓扑结构也将有复杂的变化, 要在总体方程中做到适应各种电路拓扑结构的变化将会十分困难. 时步法的采用都要求转子能够更灵活转动, 这对于有限元法是有相当难度的.

由此可见, 有限元法应用于电机磁场计算时, 仅仅少数几次计算是不能满足要求的, 大量的磁场计算必然伴随着转子的不断转动. 无论是感应电动势、电磁转矩计算, 还是用场路耦合法进行动态过程计算, 都需要解决一个转子转动的问题. 而在转子转动时, 非常容易发生气隙区域网格的畸变, 导致计算精度下降, 严重时将引起解的不稳定, 甚至得出错误的结果. 因此, 需要采取必要的措施, 防止气隙网格畸变. 但同时为了提高计算效率, 又希望在转子转动时不重新进行网格剖分. 这是一个两难的问题, 是多年来一直在试图努力解决的棘手问题.

1.3 现有的方法

有限元法之所以能够成为目前电机磁场数值计算的首选方法, 主要是具有计算精度高、通用性强两大特点, 由此显示出强大的生命力. 在用有限元法计算电机磁场时,如何实现转子的灵活转动,是长期以来一直在研究和探索的. 有限元法计算磁场,首先要对求解区域剖分. 经过多年的研究,网格自动剖分技术已日益成熟和完善,而且可以依据计算精度的需要进行自适应剖分. 尽管如此,网格剖分仍需要一定时间和占用大部分的人力. 因此,从计算效率考虑,当转子转动时,在避免气隙网格畸变的同时,应尽可能避免重新剖分. 对于定子区域和转子区域完全可以做到不重新剖分,困难之处是两者之间的气隙区域,不重新剖分很容易引起网格畸变. 为了解决气隙网格畸变问题,已研究了不少方法.

- 重新剖分法

这是最直接的一种方法. 固定定子区域中的网格单元和节点,按照旋转电机的转子转动角度,对气隙区域重新剖分. 保持转子区域中网格单元形状及节点编号不变,只旋转转子区域中所有节点的空间坐标. 但该方法应用在气隙较小的鼠笼式异步电机中时,仍将发生气隙网格单元形状畸变的情况. 更主要的是,在计算中必须对有限元网格单元结构进行不断地变化和调整,有限元程序的前处理工作变得十分复杂,增加了程序编写及调试的难度,同时将增加程序运行时计算机内存需求量.

- 双坐标系法[54]

双坐标系法对定转子分别采用静止坐标系和运动坐标系,利用交界节点的周期性质,建立定转子之间的联系,以解决转子旋转时运动子域与静止子域的接口问题. 在气隙公共线上一般采取节点均匀划分的方法,这时气隙区域需要分层. 为了保持气隙网格形状良好,每次转过的角度应该刚好对应整数个节点,带来的缺点是时间步长受制于空间步长,不能自由调节.

- 运动边界法[55]

运动边界法是在定转子之间的气隙中确定一个运动边界,将气隙一分为二,分别属于定子和转子. 当转子转动时,两条气隙运动边界上节点的对应关系按周期性条件处理,基本原理与双坐标系法相同,一个时间步长也是对应转子转过整数个节点,缺点也相同.

● 相带移动法[56]

相带移动法中时间步长取为转子转过一个定子齿距所需的时间,每推进一个步长,定子相带移动一个齿距,显然该方法转动的步长太大,难以满足计算精度的要求.

● 步长修正法

此方法实际是在运动边界法的基础上的补充和改进.动态计算中完全实现时间步长和空间步长的协调是很难的,尤其在转速变化剧烈时,保证转动的空间步长与节点个数对应是不可能的.这时不得不进行调整,调整可以有两种途径,空间步长的调整或时间步长的调整.较新的一种做法是固定时间步长,用线性插值方法近似求出运动边界上空间位置变化的节点磁位值,由此修改相应的矩阵系数,以达到不重新剖分的目的[66].电机的动态方程属刚性方程,时间步长固定对动态过程求解并不有利.

应该说办法想了很多,像运动边界法在实际应用中也取得了较好的效果,但并没有从根本上解决问题.因为要在任何情况下真正做到既不重新剖分,又保持网格形状良好几乎是不可能的,还没能真正实现转子以任意角度自由旋转这一目标.

事实上,气隙区域中有限元网格的存在是转子转动困难的根本原因.气隙网格使定、转子之间产生了硬性联接,于是其中任一方的相对移动必然牵扯到另一方.只要气隙内有网格,就不可能在转子自由转动方面取得突破.那么可不可以换个角度思考,假如气隙中不存在网格,转子自由转动的根本障碍没有了,问题不就迎刃而解了.但是没有剖分网格也就不是有限元法了.我们知道,电机电磁场计算的两大类方法分别是解析法和数值法.解析法适用于边界形状规则、媒质线性的场合,电机的气隙区域正符合这一条件.如果将数值法和解析法结合起来,即气隙磁场用解析法求解,定转子磁场用数值法计算,不仅可以保持原有数值法的通用性,而且气隙中不存在网格,将使转子的自由转动成为可能. 于是就有了有限元法和解析法相混合的方法.

- 气隙单元法

20 世纪 80 年代, Abdel-Razek 将有限元法中单元的概念加以拓展, 提出了气隙单元的概念[67]. 整个气隙区域被看作一个单元, 称为"宏单元". 宏单元内的磁场满足拉普拉斯方程, 由于气隙区域边界规则、媒质线性, 可以获得解析解. 文中采用交界面上第二类边界条件等于零的假设, 建立了定转子磁场与气隙磁场的联系, 组成整体方程, 最终得到电机磁场的解答. 在实际计算中, 气隙单元法存在着傅里叶级数的系数收敛速度慢的问题. 改进方法之一是对定转子气隙边界均匀划分节点, 且两者节点数相等. 由于定转子气隙表面情况复杂, 不允许均匀剖分. 所以将气隙分为三层, 中间层作为气隙, 边上两层分别归为定子和转子[68].

- 有限元解析混合法

20 世纪 90 年代, 国际上有学者不再拘泥于"宏单元"的概念, 而是直接将电机划分为定子、转子和气隙三个区域, 将有限元法和解析法混合用于旋转电机的磁场求解[69, 70], 两文在处理气隙与铁心交界条件时采用了不同的方法. 前者也是用了分界面上磁场强度切向分量等于零的假设, 但是这与实际不符, 理论上不严密. 后者考虑到分界面上磁场强度切向分量必须满足 Neumann 条件, 在离散过程中利用该条件连接两种方程. 事实上, 当分界面上不存在面电流时, 分界面两边的磁场强度切向分量处处相等, 于是沿分界面的积分因两边切向分量正负抵消, 正好为零. 在离散过程中人为硬性地处理 Neumann 条件, 不仅繁琐, 更主要是有损其自然的特性, 影响计算精度, 因此该方式不尽合理. 另外, 两文建立的是整个圆周区域内的电机气隙磁场解析模型, 没有考虑电机的多极对数带来的周期特性. 给出的算例也都是没有齿槽的光滑的气隙表面, 这种场域的磁场变化比较平稳, 难以确认所用方法的计算精度的高低.

1.4 主要研究工作

有限元法和解析法相结合是很好的想法. 但目前在国际上尚未见到进一步研究的相关文献, 市场上的商用电磁场计算软件也都是采用纯有限元法. 为了使数值解析结合法能够实际应用, 并在电机磁场计算中体现出真正的价值, 必须在数学模型、交界条件、计算精度以及程序实现等方面作切实深入的研究. 这方面的工作无疑具有重要的理论和实际意义. 本论文主要进行旋转电机二维磁场的数值解析结合法的研究, 并应用于结构特殊的永磁电机磁场的计算中. 主要研究工作:

（1）建立了完整的气隙磁场数学模型. 推导出计及电机周期数时的气隙磁场解析表达式, 并且利用定转子气隙交界面的自然交界条件, 即只要在交界面上矢量磁位连续, 就自动满足磁场强度切向分量相等, 使有限元方程和解析表达式实现了简洁且无误差的连接.

（2）完成了数值解析结合法计算程序的编制. 根据建立的数学模型, 编写了数值解析结合法相关程序, 并成功嵌入到原来自主开发的电机电磁场有限元计算程序中, 从而实现了旋转电机磁场计算的数值解析结合法.

（3）确认了数值解析结合法的计算精度. 专门设计了一个定子开槽的永磁电机考核模型, 主要为了观察在槽口区域磁场变化较剧烈的情况下, 本文方法的计算精度能否满足要求. 通过计算比较表明, 本文方法的计算结果与纯有限元法在精细剖分条件下获得的计算结果相当一致, 本文方法的计算精度得到了确认.

（4）实现了磁场计算过程中转子的自由转动. 由于气隙中没有网格, 转子的转动只要通过对转子节点的坐标旋转即可实现, 而且转动的角度可以是任意的.

（5）采用本文方法计算了三种结构特殊、计算上有一定难度的永磁电机磁场. 利用转子的灵活转动, 算得相应的绕组磁链曲线. 利用曲线拟合技术计算出感应电动势,并与实验结果比较,取得了较为一致的结果.证明了本文方法的正确性和通用性.

(6) 应用麦克斯韦应力张量法计算电机的电磁转矩.电磁转矩的计算精度也得到了切实的保证.

(7) 实现了真实反映电机内部磁场情况的动态仿真.建立了由磁链函数描述的电机非线性动态数学模型,在数值解析结合法计算出电机绕组在不同电流和转子位置时的磁链函数的基础上,实现了电机的动态计算.

1.5 主要特色

将有限元法和解析法相结合可以扬长避短、优势互补,不仅保持了有限元法通用性强、计算精度高的优点,又避免了纯解析法局限性大的缺点.主要特色:

(1) 气隙磁场解析数学模型完整严密,有限元方程和解析方程实现了无误差连接,方法的计算精度有了可靠的理论保证.气隙磁场方程引入周期数,使电机磁场的求解可在一个周期内进行,减少了计算量,提高了磁场计算的效率.

(2) 三种特殊结构永磁电机的磁场计算,表明了有限元法和解析法相结合的方法的正确性和通用性.气隙磁场采用解析模型,气隙区域无需剖分,也就避免了气隙区域内网格密、剖分质量要求高的问题.

(3) 气隙区域无网格,使转子的灵活转动取得突破,真正实现了转子的自由旋转.尽管目前纯有限元法也能进行转子的转动,但很难做到既要避免网格的畸变又不重新剖分.采用有限元法和解析法相结合的方法气隙中没有网格,定转子之间不存在网格线的硬性联接,转子旋转灵活方便.

(4) 感应电动势计算方便、精度高.转子的自由转动为感应电动势的计算提供了方便,转子空间转动角度不受限制,数据点的分布可以合理选择,为曲线拟合技术的应用创造了条件.

　　(5) 电磁转矩计算方便、精度有保证. 该方法转子转动方便, 易于捕捉最大齿槽定位转矩. 气隙区域无网格, 用应力法计算电磁转矩时不再受到积分路径和气隙网格的影响. 电磁转矩解析表达式中确实不含有气隙内积分圆周半径这一变量, 既计算结果与积分路径无关, 与理论上的结论相一致. 电磁转矩的计算精度得到了保证.

　　(6) 动态计算与磁场计算分开, 避免了两种计算复杂因素的相互交织. 动态计算中又切实计及了非线性因素, 使计算结果更符合实际, 且能适应电路拓扑结构的复杂变化. 不仅能计算恒速时的电机电磁动态过程, 也可以计算转速变化时的电机机电动态过程.

第二章　数值解析结合法
气隙磁场模型

2.1　基本原理

根据变分原理,有限元法通过求解能量泛函的极值问题获得电机磁场的解答. 对于二维磁场,用矢量磁位 A_z 求解

$$\begin{cases} W(A_z) = \iint\limits_{\Omega} \left\{ \left[\frac{\partial}{\partial x}\left(\nu \frac{\partial A_z}{\partial x} \right) + \frac{\partial}{\partial y}\left(\nu \frac{\partial A_z}{\partial y} \right) \right] - J_z A_z \right\} \mathrm{d}x\mathrm{d}y + \\ \qquad\qquad \int_{S_2} H_t A_z \mathrm{d}s = \min \\ S_1 : A_z = A_{z0} \end{cases}$$

(2.1)

其中,$W(A_z)$——电机磁场求解区域的能量泛函,Ω——求解区域,ν——介质磁阻率,J_z——电流密度,S_1、S_2——第一、第二类边界,H_t——第二类边界上的磁场强度切向分量.

在旋转电机中,如果将求解区域划分为定子、气隙和转子三个部分,那么,其总能量泛函就是三部分之和

$$W = W_s + W_a + W_R$$

(2.2)

上式中,W——总能量泛函,W_s——定子区域的能量泛函,W_a——气隙区域的能量泛函,W_r——转子区域的能量泛函.

由于是数值解析方法的结合,气隙区域的选取有一定的灵活性,可以在定转子之间选取形状规则的部分作为气隙区域,而把几何形

状复杂、含有电流和非线性媒质的区域归入定子或转子区域,用有限元法处理. 三个区域的磁场根据场域的交界条件建立联系,各区域相互联系又相对独立,每个区域只要建立起描述区域内部磁场的数学模型即可. 在气隙区域中无电流存在,矢量磁位满足拉普拉斯方程. 而且气隙区域形状规则,可以获得解析表达式. 对于旋转电机,在极坐标下气隙磁场的解析表达式为

$$A_z(r, \theta) = \sum_{n=1}^{\infty} \big[(A_n r^{pn} + B_n r^{-pn}) \cos(np\theta) +$$

$$(C_n r^{pn} + D_n r^{-pn}) \sin(np\theta) \big] + A_0 \ln r + B_0$$

$$(2.3)$$

其中,p 为周期数,其引入是基于磁场周期性区域的考虑. 对于整数槽电机,p 即是电机极对数. 当电机槽数与极对数互质时,如分数槽电机,应视具体情况选择对应周期性区域的等效极对数. 当气隙区域的磁场用解析式表示时,定转子区域依然采用有限元法求解. 实际过程中,电机定转子区域通过有限元法离散剖分,形成系数矩阵. 但尚未包括气隙部分的场量,定转子气隙表面的节点没有发生联系,矩阵还不完整. 在对气隙能量泛函求偏导后,可获得与定转子气隙表面节点相关的系数. 将相关系数"贡献"到矩阵的对应元素中,最终形成整个区域的总体方程式,这就是数值解析结合法的思路.

2.2 气隙磁场方程式

由式(2.3)可得气隙磁密两个分量

$$B_r = \frac{1}{r} \frac{\partial A_z}{\partial \theta} = \sum_{n=1}^{\infty} \big[-(A_n r^{pn-1} + B_n r^{-pn-1}) np \sin np\theta +$$

$$(C_n r^{pn-1} + D_n r^{-pn-1}) np \cos np\theta \big]$$

$$(2.4)$$

$$B_\theta = -\frac{\partial A_z}{\partial r} = -\sum_{n=1}^{\infty} \big[(A_n r^{pn-1} - B_n r^{-pn-1}) np \cos np\theta +$$

$$(C_n r^{pn-1} - D_n r^{-pn-1}) np \sin np\theta \big] - \frac{A_0}{r} \qquad (2.5)$$

因为气隙磁场能量

$$W_a = \iint_\Omega \frac{1}{2} \nu_0 B^2 \, d\Omega = \int_0^{2\pi/p} \frac{1}{2} \nu_0 \, d\theta \int_{R_r}^{R_s} B^2 r \, dr \qquad (2.6)$$

其中，$\nu_0 = 1/\mu_0$；

R_s——定子气隙表面半径；

R_r——转子气隙表面半径，则

$$W_a = \frac{\nu_0 \pi}{2} \sum_{n=1}^{\infty} (np) \big[(A_n^2 + C_n^2)(R_s^{2pn} - R_r^{2pn}) -$$

$$(B_n^2 + D_n^2)(R_s^{-2pn} - R_r^{-2pn}) \big] + \pi \nu_0 A_0^2 \ln\left(\frac{R_s}{R_r}\right) \qquad (2.7)$$

一般在区域划分时，气隙与定转子的分界面上不存在电流，式 (2.1)第二项中涉及气隙与铁心交界处的线积分等于零. 因此，本文用矢量磁位相等为交界条件建立磁场方程之间的联系. 在定转子的气隙表面，考虑到周期性，矢量磁位可分别表示为

$$A_z(R_s, \theta) = \frac{a_0}{2} + \sum_{n=1}^{\infty} \big[a_n \cos np\theta + b_n \sin np\theta \big]$$

$$A_z(R_r, \theta) = \frac{c_0}{2} + \sum_{n=1}^{\infty} \big[c_n \cos np\theta + d_n \sin np\theta \big] \qquad (2.8)$$

上式与式(2.3)联立可解得系数间的关系.

$$A_n = (a_n R_r^{-pn} - c_n R_s^{-pn})/\Delta_n$$

$$B_n = (c_n R_s^{pn} - a_n R_r^{pn})/\Delta_n$$

$$C_n = (b_n R_r^{-pn} - d_n R_s^{-pn})/\Delta_n$$

$$D_n = (d_n R_s^{pn} - b_n R_r^{pn})/\Delta_n$$

$$\Delta_n = R_s^{pn} R_r^{-pn} - R_r^{pn} R_s^{-pn}$$

$$A_0 = \frac{1}{2}(a_0 - c_0)/\ln\left(\frac{R_s}{R_r}\right)$$

$$B_0 = \frac{1}{2}(c_0 \ln R_s - a_0 \ln R_r)/\ln\left(\frac{R_s}{R_r}\right) \tag{2.9}$$

代入气隙磁场能量泛函,则

$$W_a = \frac{\pi \nu_0}{2} \sum_{n=1}^{\infty} \frac{n}{q^{2pn} - 1} \left[(a_n^2 + b_n^2 + c_n^2 + d_n^2)(q^{2pn} + 1) \right.$$

$$\left. - 4(a_n c_n + b_n d_n)q^{pn} \right] + \frac{\pi \nu_0}{4 \ln q}(a_0 - c_0)^2 \tag{2.10}$$

其中, $q = R_s/R_r$. 对上式求偏导,可获得最终的磁场离散方程式中对应元素的"贡献"值.

2.3 两类方程的联接

气隙磁场解析表达式正确建立以后,接着的关键步骤就是和定转子磁场有限元方程的联接. 两类磁场方程在交界处相联接,应同时满足第一类和第二类边界条件. 即同一点的矢量磁位必定相等. 另外,在它们的分界线上不具有面电流密度时,则磁场强度切向分量连续. 在将气隙磁场方程与定转子磁场方程建立联系时,直观地讲,选择磁位相等的条件使公式最简单,程序实现最方便. 那么这时关心的是磁场强度切向分量相等时交界条件应如何处理. 式(2.1)中的线积分部除了第二类边界,还包含气隙与定子以及气隙与转子的分界线. 由于两种情况本质是一样的,不失一般性,考虑区域 Ω 内有两种媒质的情况. 假设求解区域分别为 Ω_+ 和 Ω_- ,其分界线为 l,在 l 上法

线 n 的方向规定为从 Ω_- 指向 Ω_+，见图 2.1. 则线积分为

$$\oint_s \nu \frac{\partial A}{\partial n} A \,\mathrm{d}s = \int_{s_2} \nu \frac{\partial A}{\partial n} A \,\mathrm{d}s + \int_{l^-} \nu \frac{\partial A}{\partial n} A \,\mathrm{d}s - \int_{l^+} \nu \frac{\partial A}{\partial n} A \,\mathrm{d}s$$

$$= \int_{s_2} \nu \frac{\partial A}{\partial n} A \,\mathrm{d}s + \int_l \left[\left(\nu \frac{\partial A}{\partial n} \right)^- - \left(\nu \frac{\partial A}{\partial n} \right)^+ \right] A \,\mathrm{d}s$$

$$(2.11)$$

因为在区域分界线上磁场强度切向分量
相等，上式中在分界线 l 上的线积分为零. 这
说明气隙磁场与定转子磁场分界线上磁场强
度切向分量相等将使其上的线积分自动为
零，所以只要选择矢量磁位相等的交界条件
进行联接即可，而方程的衔接过程又比较简
单. 因此，利用矢量磁位相等的自然交界条件
联接方程.

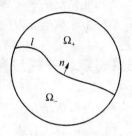

图 2.1　交界条件处理

第三章 磁场离散方程的形成

数值解析结合法中,首先用有限元法对电机定转子区域离散剖分,形成系数矩阵.该矩阵尚不完整,定转子之间没有发生联系.还需对气隙能量泛函求偏导,获得与定转子气隙表面节点相关的系数,插入矩阵中相应的元素位置,最后形成完整的磁场离散方程式.

3.1 定转子磁场离散方程

数值解析结合法中,电机定转子磁场仍用有限元法处理.先将定转子区域剖分成有限个三角形单元,并在三角形单元中构造插值函数,将单元的能量泛函转化为能量函数,也就是将条件变分问题离散化,将能量泛函的极值问题转换成能量函数的极值问题.其过程包括:单元分析、总体合成、强加边界条件的修改.

单元分析:计算单元能量函数对三个节点磁位的一阶偏导数.设单元 e 的三个节点按逆时针方向的编号为 i、j、m,单元能量函数为

$$
\begin{aligned}
W_e(A_i, A_j, A_m) = \iint_\Delta \Big\{ & \frac{\nu}{8\Delta^2} \big[(b_i A_i + b_j A_j + b_m A_m)^2 + \\
& (c_i A_i + c_j A_j + c_m A_m)^2 \big] - \frac{J}{2\Delta} \big[(a_i + b_i x + c_i y) A_i + \\
& (a_j + b_j x + c_j y) A_j + (a_m + b_m x + c_m y) A_m \big] \Big\} \mathrm{d}x \mathrm{d}y
\end{aligned}
$$

$$(3.1)$$

其中

$$a_i = x_j y_m - x_m y_j, \ a_j = x_m y_i - x_i y_m, \ a_m = x_i y_j - x_j y_i$$

$$b_i = y_j - y_m, \ b_j = y_m - y_i, \ b_m = y_i - y_j$$

$$c_i = x_m - x_j, \ c_j = x_i - x_m, \ c_m = x_j - x_i$$

$$\Delta = \frac{1}{2} \begin{vmatrix} 1 & x_i & y_i \\ 1 & x_j & y_j \\ 1 & x_m & y_m \end{vmatrix} = \frac{1}{2}(b_i c_j - b_j c_i)$$

式(3.1)积分后,对单元节点磁位求偏导,

$$\begin{bmatrix} \dfrac{\partial W_e}{\partial A_i} \\ \dfrac{\partial W_e}{\partial A_j} \\ \dfrac{\partial W_e}{\partial A_m} \end{bmatrix} = \begin{bmatrix} s_{ii} & s_{ij} & s_{im} \\ s_{ji} & s_{jj} & s_{jm} \\ s_{mi} & s_{mj} & s_{mm} \end{bmatrix} \begin{bmatrix} A_i \\ A_j \\ A_m \end{bmatrix} - \begin{bmatrix} p_i \\ p_j \\ p_m \end{bmatrix} \quad (3.2)$$

式中,单元系数矩阵主对角元素

$$s_{kk} = \frac{\nu}{4\Delta}(b_k^2 + c_k^2) \quad k = i, j, m$$

非主对角元素

$$s_{kh} = s_{hk} = \frac{\nu}{4\Delta}(b_k b_h + c_k c_h) \quad k = i, j, m; \ h = i, j, m; \ k \neq h$$

右端向量

$$p_k = \frac{J\Delta}{3}, \ k = i, j, m$$

如果单元的一条边落在第二类边界上,其线积分的值还需迭加到相应的右端向量中.

总体合成:将单元系数矩阵和右端向量中的各元素"贡献"到总的系数矩阵和右端向量中去. 首先将总系数矩阵和右端向量的所有元素清零.然后按单元编号次序,计算每个单元的系数矩阵和右端向量的各个元素,再按行列位置迭加到总系数矩阵和右端向量中.

强加边界条件的处理:设在 n 个总节点中某个节点为第一类边

界节点,则该节点磁位为已知,对应的方程应该取消,同时其他方程也应作相应的修改. 如此,完成了变分问题的离散化,形成了以磁位为待求量的线性代数方程组.

在数值解析结合法中,以上形成的系数矩阵只是定转子区域磁场方程离散后的结果,该矩阵尚不完整,还没有把气隙磁场对应的方程包括进去. 接下去关心的是如何将气隙磁场方程结合进来. 也就是要对气隙能量泛函求偏导,获得与定转子气隙表面节点相关的系数,插入矩阵中相应的元素位置,最后形成完整的磁场离散方程式.

3.2 气隙磁场有关系数的计算

设剖分后定子气隙表面节点数为 M_s,转子气隙表面节点数为 M_r. 在整周期条件下,

$$A_s(\theta_1) = A_s(\theta_{M_s})$$
$$A_r(\delta_1) = A_r(\delta_{M_r})$$
(3.3)

式中,下标 s、r 分别表示定子和转子,θ、δ 分别表示定转子气隙表面节点的位置角. 假定气隙表面磁位是节点磁位的线性函数,得各系数为

$$a_0 = \frac{p}{\pi} \sum_{i=2}^{M_s} (\eta_i + \eta_{i+1}) A_s(\theta_i)$$
(3.4)

$$a_n = -\frac{1}{\pi p n^2} \sum_{i=2}^{M_s} \left(\frac{\sin np\xi_i \sin np\eta_i}{\eta_i} - \frac{\sin np\xi_{i+1} \sin np\eta_{i+1}}{\eta_{i+1}} \right) A_s(\theta_i)$$

$$b_n = \frac{1}{\pi p n^2} \sum_{i=2}^{M_s} \left(\frac{\cos np\xi_i \sin np\eta_i}{\eta_i} - \frac{\cos np\xi_{i+1} \sin np\eta_{i+1}}{\eta_{i+1}} \right) A_s(\theta_i)$$
(3.5)

其中

$$\xi_i = (\theta_i + \theta_{i-1})/2$$

$$\eta_i = (\theta_i - \theta_{i-1})/2 \tag{3.6}$$

同理

$$c_0 = \frac{p}{\pi} \sum_{j=2}^{M_r} (\beta_j + \beta_{j+1}) A_r(\delta_j) \tag{3.7}$$

$$c_n = -\frac{1}{\pi p n^2} \sum_{j=2}^{M_r} \left(\frac{\sin np\alpha_j \, \sin np\beta_j}{\beta_j} - \frac{\sin np\alpha_{j+1} \, \sin np\beta_{j+1}}{\beta_{j+1}} \right) A_r(\delta_j)$$

$$d_n = \frac{1}{\pi p n^2} \sum_{j=2}^{M_r} \left(\frac{\cos np\alpha_j \, \sin np\beta_j}{\beta_j} - \frac{\cos np\alpha_{j+1} \, \sin np\beta_{j+1}}{\beta_{j+1}} \right) A_r(\delta_j)$$

$$\tag{3.8}$$

其中

$$\alpha_j = (\delta_j + \delta_{j-1})/2$$

$$\beta_j = (\delta_j - \delta_{j-1})/2 \tag{3.9}$$

为清楚起见,将气隙能量泛函看作对应磁位周期分量和恒定分量两部分 $W_{a\sim}$ 和 W_{a0}. 令

$$s_n = \frac{n(q^{2n}+1)}{q^{2n}-1}, \; t_n = \frac{4nq^n}{q^{2n}-1} \tag{3.10}$$

对矢量磁位的恒定分量求偏导

$$\frac{\partial W_{a0}}{\partial A_{si}} = \frac{\nu_0}{2\ln q}(\eta_i + \eta_{i+1})(a_0 - c_0), \quad i = 2, 3, \cdots, M_s \tag{3.11}$$

$$\frac{\partial W_{a0}}{\partial A_{rj}} = -\frac{\nu_0}{2\ln q}(\beta_j + \beta_{j+1})(a_0 - c_0), \quad j = 2, 3, \cdots, M_r \tag{3.12}$$

对矢量磁位的周期分量求偏导

$$\frac{\partial W_{a\sim}}{\partial A_{si}} = \frac{1}{2}\nu_0 \pi \sum_{n=1}^{\infty} \left[s_n \left(2a_n \frac{\partial a_n}{\partial A_{si}} + 2b_n \frac{\partial b_n}{\partial A_{si}} \right) \right.$$

$$- t_n \left(c_n \frac{\partial a_n}{\partial A_{si}} + d_n \frac{\partial b_n}{\partial A_{si}} \right) \Bigg], \quad i = 2, 3, \cdots, M_s$$

$$(3.13)$$

$$\frac{\partial W_{a\sim}}{\partial A_{rj}} = \frac{1}{2} \nu_0 \pi \sum_{n=1}^{\infty} \left[s_n \left(2c_n \frac{\partial c_n}{\partial A_{rj}} + 2d_n \frac{\partial d_n}{\partial A_{rj}} \right) \right.$$

$$\left. - t_n \left(a_n \frac{\partial c_n}{\partial A_{rj}} + b_n \frac{\partial d_n}{\partial A_{rj}} \right) \right], \quad j = 2, 3, \cdots, M_r \quad (3.14)$$

以上表达式中系数 a_0、a_n、b_n 和 c_0、c_n、d_n 分别是定转子气隙表面节点磁位的函数,于是可以获得定转子表面节点对应的矩阵元素贡献值. 不妨将系数写成紧凑形式,令

$$a_0 = \sum_{i=2}^{M_s} g_{a0}(\theta_i) A_s(\theta_i) \qquad (3.15)$$

$$a_n = \sum_{i=2}^{M_s} g_{an}(\theta_i) A_s(\theta_i)$$

$$b_n = \sum_{i=2}^{M_s} g_{bn}(\theta_i) A_s(\theta_i) \qquad (3.16)$$

其中

$$g_{a0}(\theta_i) = \frac{p}{\pi} (\eta_i + \eta_{i+1})$$

$$g_{an}(\theta_i) = -\frac{1}{\pi p n^2} \left(\frac{\sin np\xi_i \, \sin np\eta_i}{\eta_i} - \frac{\sin np\xi_{i+1} \sin np\eta_{i+1}}{\eta_{i+1}} \right)$$

$$g_{bn}(\theta_i) = \frac{1}{\pi p n^2} \left(\frac{\cos np\xi_i \, \sin np\eta_i}{\eta_i} - \frac{\cos np\xi_{i+1} \sin np\eta_{i+1}}{\eta_{i+1}} \right)$$

$$(3.17)$$

同样

$$c_0 = \sum_{j=2}^{M_r} h_{c0}(\delta_j) A_r(\delta_j) \qquad (3.18)$$

$$c_n = \sum_{j=2}^{M_r} h_{cn}(\delta_j) A_r(\delta_j)$$

$$d_n = \sum_{j=2}^{M_r} h_{dn}(\delta_j) A_r(\delta_j) \tag{3.19}$$

其中

$$h_{c0}(\delta_j) = \frac{p}{\pi}(\beta_j + \beta_{j+1})$$

$$h_{cn}(\delta_j) = -\frac{1}{\pi p n^2}\left(\frac{\sin np\alpha_j \sin np\beta_j}{\beta_j} - \frac{\sin np\alpha_{j+1} \sin np\beta_{j+1}}{\beta_{j+1}}\right)$$

$$h_{dn}(\delta_j) = \frac{1}{\pi p n^2}\left(\frac{\cos np\alpha_j \sin np\beta_j}{\beta_j} - \frac{\cos np\alpha_{j+1} \sin np\beta_{j+1}}{\beta_{j+1}}\right) \tag{3.20}$$

根据以上表达式对定转子区域初始系数矩阵进行修改，可以得到最终的合成矩阵.

3.3　磁场离散系数矩阵修改及其对称性

可以证明，当将解析表达式的相关系数贡献到用有限元产生的定转子初始矩阵后，其矩阵依然保持对称性. 设定子气隙表面的任意两节点为 K、J，转子表面的任意两节点为 M、N，见图 3.1. 用有限元产生的初始矩阵中定转子节点不发生联系，如图 3.2 所示.

图 3.1　定转子气隙表面节点示意图

$$\begin{array}{c} \\ L \\ \\ J \\ \\ M \\ \\ N \\ \\ \end{array} \begin{array}{ccccccccc} & L & & J & & M & & N & \\ & \vdots & & \vdots & & \vdots & & \vdots & \\ \cdots & * & \cdots & * & \cdots & 0 & \cdots & 0 & \cdots \\ & \vdots & & \vdots & & \vdots & & \vdots & \\ \cdots & * & \cdots & * & \cdots & 0 & \cdots & 0 & \cdots \\ & \vdots & & \vdots & & \vdots & & \vdots & \\ \cdots & 0 & \cdots & 0 & \cdots & * & \cdots & * & \cdots \\ & \vdots & & \vdots & & \vdots & & \vdots & \\ \cdots & 0 & \cdots & 0 & \cdots & * & \cdots & * & \cdots \\ & \vdots & & \vdots & & \vdots & & \vdots & \end{array}$$

图 3.2　有限元产生的初始矩阵

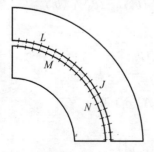

现在分析解析式相关系数贡献到初始矩阵后，系数矩阵的变化情况. 先看气隙能量函数的周期分量对 $A_s(\theta_L)$、$A_s(\theta_J)$ 求导

$$
\frac{\partial W_{a\sim}}{\partial A_s(\theta_L)} = \frac{1}{2}\nu_0\pi\sum_{n=1}^{\infty}\Big[s_n\Big(2a_n\frac{\partial a_n}{\partial A_s(\theta_L)} + 2b_n\frac{\partial b_n}{\partial A_s(\theta_L)}\Big) -
$$
$$
t_n\Big(c_n\frac{\partial a_n}{\partial A_s(\theta_L)} + d_n\frac{\partial b_n}{\partial A_s(\theta_L)}\Big)\Big]
$$
$$
= \frac{1}{2}\nu_0\pi\sum_{n=1}^{\infty}\Big\{ s_n\Big[2\sum_{i=2}^{M_s} g_{an}(\theta_L)g_{an}(\theta_i)A_s(\theta_i) +
$$
$$
2\sum_{i=2}^{M_s} g_{bn}(\theta_L)g_{bn}(\theta_i)A_s(\theta_i)\Big] -
$$
$$
t_n\Big[\sum_{j=2}^{M_r} g_{an}(\theta_L)h_{cn}(\delta_j)A_r(\delta_j) +
$$
$$
\sum_{j=2}^{M_r} g_{bn}(\theta_L)h_{dn}(\delta_j)A_r(\delta_j)\Big]\Big\} \tag{3.21}
$$

$$
\frac{\partial W_{a\sim}}{\partial A_s(\theta_J)} = \frac{1}{2}\nu_0\pi\sum_{n=1}^{\infty}\Big[s_n\Big(2a_n\frac{\partial a_n}{\partial A_s(\theta_J)} + 2b_n\frac{\partial b_n}{\partial A_s(\theta_J)}\Big) -
$$
$$
t_n\Big(c_n\frac{\partial a_n}{\partial A_s(\theta_J)} + d_n\frac{\partial b_n}{\partial A_s(\theta_J)}\Big)\Big]
$$
$$
= \frac{1}{2}\nu_0\pi\sum_{n=1}^{\infty}\Big\{ s_n\Big[2\sum_{i=2}^{M_s} g_{an}(\theta_J)g_{an}(\theta_i)A_s(\theta_i) +
$$
$$
2\sum_{i=2}^{M_s} g_{bn}(\theta_J)g_{bn}(\theta_i)A_s(\theta_i)\Big] -
$$
$$
t_n\Big[\sum_{j=2}^{M_r} g_{an}(\theta_J)h_{cn}(\delta_j)A_r(\delta_j) +
$$
$$
\sum_{j=2}^{M_r} g_{bn}(\theta_J)h_{dn}(\delta_j)A_r(\delta_j)\Big]\Big\} \tag{3.22}
$$

气隙能量函数的周期分量对 $A_r(\delta_M)$、$A_r(\delta_N)$ 求导

$$\frac{\partial W_{a\sim}}{\partial A_r(\delta_M)} = \frac{1}{2}\nu_0\pi\sum_{n=1}^{\infty}\Bigg[s_n\bigg(2c_n\frac{\partial c_n}{\partial A_r(\delta_M)} + 2d_n\frac{\partial d_n}{\partial A_r(\delta_M)}\bigg) -$$

$$t_n\bigg(a_n\frac{\partial c_n}{\partial A_r(\delta_M)} + b_n\frac{\partial d_n}{\partial A_r(\delta_M)}\bigg)\Bigg]$$

$$= \frac{1}{2}\nu_0\pi\sum_{n=1}^{\infty}\Bigg\{ s_n\bigg[2\sum_{j=2}^{M_r}h_{cn}(\delta_M)h_{cn}(\delta_j)A_r(\delta_j) +$$

$$2\sum_{j=2}^{M_r}h_{dn}(\delta_M)h_{dn}(\delta_j)A_r(\delta_j)\bigg] -$$

$$t_n\bigg[\sum_{i=2}^{M_s}h_{cn}(\delta_M)g_{an}(\theta_i)A_s(\theta_i) +$$

$$\sum_{i=2}^{M_s}h_{dn}(\delta_M)g_{bn}(\theta_i)A_s(\theta_i)\bigg]\Bigg\} \tag{3.22}$$

$$\frac{\partial W_{a\sim}}{\partial A_r(\delta_N)} = \frac{1}{2}\nu_0\pi\sum_{n=1}^{\infty}\Bigg[s_n\bigg(2c_n\frac{\partial c_n}{\partial A_r(\delta_N)} + 2d_n\frac{\partial d_n}{\partial A_r(\delta_N)}\bigg) -$$

$$t_n\bigg(a_n\frac{\partial c_n}{\partial A_r(\delta_N)} + b_n\frac{\partial d_n}{\partial A_r(\delta_N)}\bigg)\Bigg]$$

$$= \frac{1}{2}\nu_0\pi\sum_{n=1}^{\infty}\Bigg\{ s_n\bigg[2\sum_{j=2}^{M_r}h_{cn}(\delta_N)h_{cj}(\delta_j)A_r(\delta_j) +$$

$$2\sum_{j=2}^{M_r}h_{dn}(\delta_N)h_{dj}(\delta_j)A_r(\delta_j)\bigg] -$$

$$t_n\bigg[\sum_{i=2}^{M_s}h_{cn}(\delta_N)g_{an}(\theta_i)A_s(\theta_i) +$$

$$\sum_{i=2}^{M_s}h_{dn}(\delta_N)g_{bn}(\theta_i)A_s(\theta_i)\bigg]\Bigg\} \tag{3.24}$$

观察上述四式,对于定子气隙边界节点 L 和 J,在矩阵的$(L、J)$和$(J、L)$对称位置处 n 分量的贡献值均为

$$a_{LJ}(n) = a_{JL}(n) = \pi \nu_0 s_n \big[g_{an}(\theta_L) g_{an}(\theta_J) +$$

$$g_{bn}(\theta_L) g_{bn}(\theta_J) \big] \qquad (3.25)$$

上式中,$a_{LJ}(n)$ 表示气隙解析式中第 n 的分量对矩阵 L 行 J 列元素的贡献值.

对于转子气隙边节点 M 和 N,在矩阵的$(M、N)$和$(N、M)$对称位置处 n 分量的贡献值均为

$$a_{MN}(n) = a_{NM}(n) = \pi \nu_0 s_n \big[h_{cn}(\delta_M) h_{cn}(\delta_N) +$$

$$h_{dn}(\delta_M) h_{dn}(\delta_N) \big] \qquad (3.26)$$

对于定转子节点之间的矩阵元素贡献值,以节点 L 和 M 为例,在矩阵的$(L、M)$和$(M、L)$对称位置处 n 分量的贡献值均为

$$a_{LM}(n) = a_{ML}(n) = - \pi \nu_0 t_n \big[g_{an}(\theta_L) h_{cn}(\delta_M) +$$

$$g_{bn}(\theta_L) h_{dn}(\delta_M) \big] \qquad (3.27)$$

所以矩阵保持对称.

同理可得气隙能量函数的恒定分量对 $A_s(\theta_L)$、$A_s(\theta_J)$ 和 $A_r(\delta_M)$、$A_r(\delta_N)$ 求导,对应矩阵元素的贡献值也将是对称的.

综上所述,在将气隙解析方程式对应的元素贡献到原系数矩阵后,对于 M_s 个定子气隙边界节点和 M_r 个转子气隙边界节点,两组节点对应的子矩阵是满阵.说明定转子之间通过气隙建立了联系.而且矩阵依然保持对称,原先有限元法程序中采用的对称矩阵元素存储方法以及方程求解方法仍然可以使用.其贡献阵参见图 3.3.

$$\begin{pmatrix} \vdots & \vdots & \vdots & \vdots \\ \cdots s_{LL} + \sum a_{LL}(n) \cdots s_{LJ} + \sum a_{LJ}(n) \cdots s_{LM} + \sum a_{LM}(n) \cdots s_{LN} + \sum a_{LN}(n) \cdots \\ \vdots & \vdots & \vdots & \vdots \\ \cdots s_{JL} + \sum a_{JL}(n) \cdots s_{JJ} + \sum a_{JJ}(n) \cdots s_{JM} + \sum a_{JM}(n) \cdots s_{JN} + \sum a_{JN}(n) \cdots \\ \vdots & \vdots & \vdots & \vdots \\ \cdots s_{ML} + \sum a_{ML}(n) \cdots s_{MJ} + \sum a_{MJ}(n) \cdots s_{MM} + \sum a_{MM}(n) \cdots s_{MN} + \sum a_{MN}(n) \cdots \\ \vdots & \vdots & \vdots & \vdots \\ \cdots s_{NL} + \sum a_{NL}(n) \cdots s_{NJ} + \sum a_{NJ}(n) \cdots s_{NM} + \sum a_{NM}(n) \cdots s_{NN} + \sum a_{NN}(n) \cdots \\ \vdots & \vdots & \vdots & \vdots \end{pmatrix}$$

图 3.3 气隙系数贡献元素示意图

3.4 非线性问题的处理

将系数矩阵修改后,得到最终的合成矩阵,磁场离散方程式形式仍然为

$$SA = P \tag{3.28}$$

由于电机铁心磁饱和影响,系数矩阵 S 不是常数. 其中任一分量

$$f_l = \sum_{h=1}^{n} s_{lh} A_k \quad l = 1, 2, \cdots, n \tag{3.29}$$

采用牛顿-拉斐森迭代法,通过 k 次迭代,有

$$J^{(k)}(A^{(k+1)} - A^{(k)}) = P - f^{(k)} \tag{3.30}$$

其中雅可比矩阵

$$J^{(k)} = \begin{pmatrix} \dfrac{\partial f_1^{(k)}}{\partial u_1} & \dfrac{\partial f_1^{(k)}}{\partial u_2} & \cdots & \dfrac{\partial f_1^{(k)}}{\partial u_n} \\ \dfrac{\partial f_2^{(k)}}{\partial u_1} & \dfrac{\partial f_2^{(k)}}{\partial u_2} & \cdots & \dfrac{\partial f_2^{(k)}}{\partial u_n} \\ \vdots & \vdots & \vdots & \vdots \\ \dfrac{\partial f_n^{(k)}}{\partial u_1} & \dfrac{\partial f_n^{(k)}}{\partial u_2} & \cdots & \dfrac{\partial f_n^{(k)}}{\partial u_n} \end{pmatrix} \tag{3.31}$$

右端修正向量

$$f^{(k)} = S^{(k)} A^{(k)} \tag{3.32}$$

在数值解析结合法中,定转子气隙边界节点将发生联系,方程式中的任一分量将为

$$f_l = \sum_{h=1}^{n} s_{lh} A_h + \sum_{h=1}^{n} s_{lh}^{[h]} A_h \quad l = 1, 2, \cdots, n \tag{3.33}$$

其中右边第二项为气隙边界节点对应的分量. 每个气隙边界节点与任意一个气隙边界节点都将发生联系. 上标 $[h]$ 表示节点号为 h 的气隙边界节点, $s_{lh}^{[h]}$ 表示节点 h 对气隙边界节点 l 的关联系数. 显然此类系数与磁位值无关,对其求导为零. 所以雅可比矩阵的计算与纯有限元法完全相同,但是右端修正向量的计算必须包括气隙边界节点相关系数的作用.

第四章 计算精度确认与转子的自由转动

采用数值解析结合法是在已有的有限元分析程序的基础上实现的.首先按照有限元法对定子和转子求解区域进行网格自动剖分,并形成离散方程的系数矩阵和右端向量.然后把气隙磁场解析表达式中各个分量贡献到对应的矩阵元素中,形成最终的系数矩阵.由于该矩阵仍然保持对称性,其元素的储存和方程求解依然采用原先有限元分析程序的方法,数值解析结合法就此得以实现.

4.1 计算精度确认

数值解析结合法能否实际应用,计算精度是首要问题.如果是光滑的气隙交界面,数值解析结合法与纯有限元法的计算结果很容易获得一致.但是如果定子开槽,槽口区域磁场变化剧烈,该处磁场计算的精确程度是检验数值解析结合法计算精度的好方法.为此,以一台定子开槽的永磁电机作为计算精度考核模型,该模型电机 8 对极 16 槽,表面磁钢式.将数值解析结合法与纯有限元法的计算结果进行比较,以确定本文方法的计算精度.磁场求解区域取一个整周期范围,见图4.1.其中气隙区域的磁场用解析式表示;定、转子区域分别用有限元法进行单元剖分,考虑到槽口处磁场变化剧烈,在该处网格取得较密,见图4.2.采用纯有限元法计算时,初始剖分将气隙分为两层,且对于槽口处的气隙特地划出一个小区域加密剖分.以后根据计算结果采用自适应技术逐步加密网格,直到计算结果不再有明显

变化为止. 本方法计算的定子内表面处磁密法向分量的分布曲
线如图4.3所示. 作为对照, 纯有限元法的计算结果如图4.4所
示. 通过比较可见, 尽管槽口处气隙磁场变化相当剧烈, 两种方
法计算结果还是取得了相当的一致, 证明了数值解析结合法是
有效和正确的.

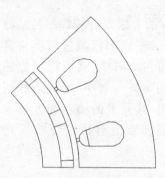 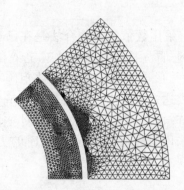

图 4.1　磁场求解区域图　　　图 4.2　定转子区域单元剖分

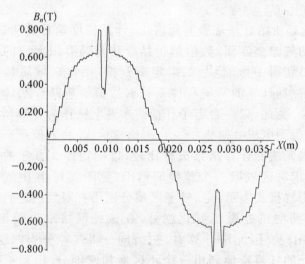

图 4.3　结合法计算的法向磁密分布曲线

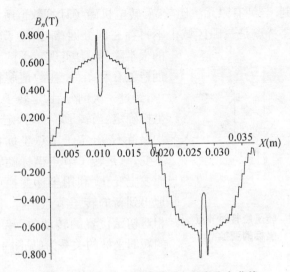

图4.4 有限元法计算的法向磁密分布曲线

计算中,数值解析结合法所用单元数和节点数分别为 3 389、1 833,有限元法所用单元数和节点数为 3 878、2 008. 计算中还对式 (3.11)、(3.12)取不同最高有限项数 n 进行了比较,当 $n=60$ 时计算结果已经稳定,再往上取变化不大.

4.2 转子的自由转动

旋转电机磁场计算的重要目的是获得描述电机运行状况的物理量,如绕组感应电动势、电感参数、电磁转矩等. 需要针对不同的转子位置进行大量的磁场计算. 有限元法在实现转子自由转动方面遇到了不小的麻烦. 在转子转动时,如何做到既不重新剖分、又能避免网格畸变,这对于纯有限元法是一个两难的问题. 尽管现在有不少实现转子转动的方法,并取得了效果,但仍无法真正实现转子以任意角度旋转的目的. 其中的根本原因是气隙内的有限元网格使电机定转子在空间产生了硬性连接,使任一方在空间的移动不可避免地受到另一方的牵制. 与纯有限元法比较,旋转电机磁场计算数值解析结合法的一个重要特点是气隙区域中不再存在剖分网格,扫除了转动困难的根本障碍,为实现转子的自由转动创造了有利条件. 在数值解析结合法中,经过一次剖分后,定转子节点初始坐标确定. 当转子转动时,定转子网格均保持不变,定子节点坐标自然保持不变,只是转子节点坐标随转子转动而发生变化. 利用坐标变换可以方便地得到新的转子节点坐标. 根据转子相对初始位置的转动角,转子各节点的新旧坐标的关系为(见图 4.5)

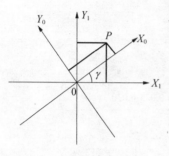

图 4.5　转子旋转时节点坐标的变换

$$x_1 = x_0 \cos \gamma - y_0 \sin \gamma$$
$$y_1 = x_0 \sin \gamma + y_0 \cos \gamma \tag{4.1}$$

这样,每次转子转动一个角度,只需做一次坐标变换运算,定转子区域的网格剖分依然不变. 由于气隙区域网格畸变问题根本不存在,转子转动的角度自然可以是任意的. 这一特点对旋转电机的磁场计算非常重要,为绕组感应电动势、电磁转矩乃至电机动态运行计算都提供了方便.

这里以一台 6 极 18 槽三相表面磁钢式永磁无刷电机的磁场计算为例,图 4.6~4.9 分别为磁极位置 0°、30°、60° 和 90° 电角度时,电机定转子磁力线分布情况. 图 4.10 为电机气隙平均半径处径向磁密和周向磁密的分布曲线. 图中可以看到齿槽效应引起磁场的变化,槽口处径向磁密下降,周向磁密增大. 图 4.11、图 4.12 分别为转子磁钢表面和定子气隙表面磁密分布曲线. 转子磁钢表面磁极间的周向磁场最强,齿槽影响减弱,而定子气隙表面齿槽影响最严重.

由此可见,气隙解析表达式的引入,使转子的转动不再成为难题. 而且,气隙区域内任意处的磁场情况也能够方便得到,这无疑对于电机气隙磁场以及性能的分析是很有利的.

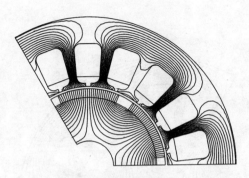

图 4.6　γ＝0°时电机定转子磁力线分布

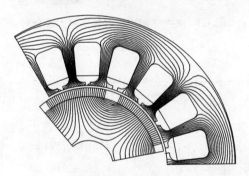

图 4.7　γ＝30°时电机定转子磁力线分布

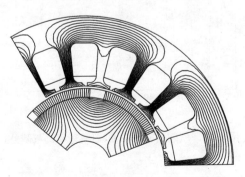

图 4.8　γ＝60°时电机定转子磁力线分布

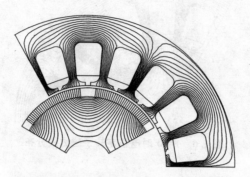

图 4.9　γ＝90°时电机定转子磁力线分布

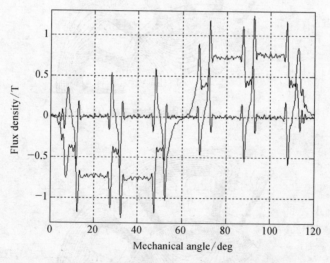

图 4.10　气隙磁密分布曲线(气隙平均气隙处)

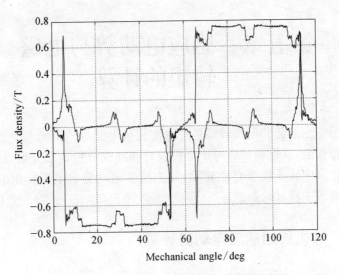

图 4.11 气隙磁密分布曲线(转子磁钢表面处)

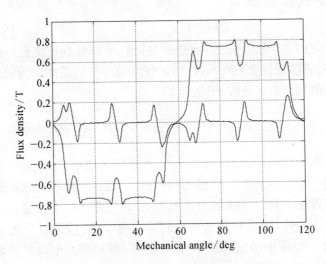

图 4.12 气隙磁密分布曲线(定子气隙表面处)

35

第五章 感应电动势与电磁转矩的计算

感应电动势和电磁转矩是电机实现机电能量转换的两个最重要的运行参数,其准确计算对于电机设计和性能分析是十分重要的. 当磁场计算中转子能够自由转动,就为感应电动势和电磁转矩的精确计算创造了良好的条件.

5.1 电机绕组感应电动势计算

根据法拉第电磁感应定律,绕组感应电动势为

$$e = -\frac{\mathrm{d}\psi}{\mathrm{d}t} \tag{5.1}$$

对于确定的一个转子位置,通过磁场计算可以得到该位置时绕组的磁链,随着转子位置不断的改变,最终可得一个周期内作为转子位置角函数的绕组磁链曲线,于是

$$e = -\frac{\mathrm{d}\psi}{\mathrm{d}t} = -\frac{\mathrm{d}\psi}{\mathrm{d}\theta}\frac{\mathrm{d}\theta}{\mathrm{d}t} = -\omega\frac{\mathrm{d}\psi}{\mathrm{d}\theta} \tag{5.2}$$

用数值解析结合法计算一台三相 6 极永磁无刷电机的主磁场,计算中每隔 2° 电角度计算一次磁场和磁链. 一相绕组匝链的永磁磁链随转子位置角变化的曲线如图 5.1 所示. 利用曲线拟合方法可以得到磁链的表达式,随后对其求导得到感应电动势. 绕组感应电动势波形见图 5.2. 图中可见,磁链中含有谐波,每相感应电动势接近于梯形波.

计算中转子位置的变动不影响原有网格,不需要重新剖分,计算

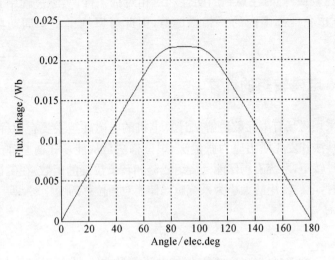

图 5.1　艺工作者绕组磁链变化曲线

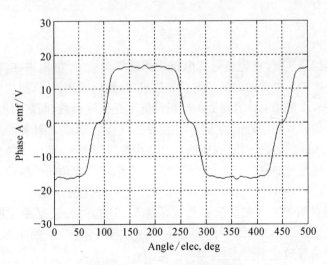

图 5.2　绕组感应电动势波形

速度比较快. 同时注意到周期性和三相对称条件, 实际过程中只需计算 $30°$ 电角度范围内的三相磁链值, 由此可以推得一个周期内的磁链值.

5.2 电磁转矩的计算

采用磁场有限元数值解法计算电机的电磁转矩主要有两种方法: 虚位移法和麦克斯韦应力张量法. 虚位移法是从能量守恒原理出发计算电磁转矩, 系统磁场储能是绕组磁链和转子位置的函数. 在磁链保持不变时, 电磁转矩的大小为系统磁场储能对角位移的变化率, 即

$$T = -\left.\frac{\partial W_m}{\partial \theta}\right|_{\psi = const} \tag{5.3}$$

这里 W_m 为磁场储能. 一般电机的电流测量方便, 为便于实验对照, 通常用磁共能 W'_m 对角位移的变化率计算电磁转矩, 假设电流不变, 有

$$T = \left.\frac{\partial W'_m}{\partial \theta}\right|_{i = const} \tag{5.4}$$

应用虚位移法时, 首先要计算电机中的磁场储能. 严格地讲, 应将气隙和铁心内的每个单元的磁场储能分别求出, 然后求和, 计算过程比较繁复. 另外, 通过场的计算得到的磁场储能不是连续函数, 而是离散的值, 求其变化率只能用近似的方法, 如用差分代替微分. 为了计算给定电流和转子角时的电磁转矩, 磁能的计算至少要进行两次, 即给定位置角和相近位置角时的磁能. 有时为了更精确, 在给定位置角的前后位置都进行计算, 这样要计算三次磁场, 计算量大, 且有一定的近似.

麦克斯韦应力张量法是目前采用较多的方法. 根据麦克斯韦应力张量法理论, 总体积 V 内的有质动力 f 与闭合面 s 上的应力张量 T 有如下的等效关系[73]

$$F = \int_v f \cdot dv = \oint_s T \cdot ds \tag{5.5}$$

或

$$f = \text{div} \, \boldsymbol{T} \tag{5.6}$$

式中 $\boldsymbol{F}$ 为总体积 V 产生的合力. 在三维直角坐标系中, $\boldsymbol{T}$ 有 9 个支量

$$\boldsymbol{T} = \begin{bmatrix} T_{xx} & T_{xy} & T_{xz} \\ T_{yx} & T_{yy} & T_{yz} \\ T_{zx} & T_{zy} & T_{zz} \end{bmatrix} \tag{5.7}$$

将其代入式(5.5),有

$$\boldsymbol{F} = \oiint_s \boldsymbol{T} \cdot \mathrm{d}s = \oiint_s \begin{bmatrix} B_x H_x - \dfrac{1}{2} BH & B_x H_y & B_x H_z \\[2mm] B_y H_x & B_y H_y - \dfrac{1}{2} BH & B_y H_z \\[2mm] B_z H_x & B_z H_y & B_z H_z - \dfrac{1}{2} BH \end{bmatrix}$$

$$\begin{bmatrix} n_x \\ n_y \\ n_z \end{bmatrix} \mathrm{d}s = \oiint_s \left\{ \left[\nu_0 \left(B_x^2 - \dfrac{1}{2} B^2 \right) n_x + \nu_0 B_y B_x n_y + \nu_0 B_x B_z n_z \right] \mathrm{i} + \right.$$

$$\left[\nu_0 B_x B_y n_x + \nu_0 \left(B_y^2 - \dfrac{1}{2} B^2 \right) n_y + \nu_0 B_x B_y n_z \right] \mathrm{j} +$$

$$\left. \left[\nu_0 B_x B_z n_x + \nu_0 B_y B_z n_y + \nu_0 \left(B_z^2 - \dfrac{1}{2} B^2 \right) n_z \right] \mathrm{k} \right\} \mathrm{d}s$$

$$\tag{5.8}$$

其中 $n_x = \cos(n, x)$, $n_y = \cos(n, y)$, $n_z = \cos(n, z)$, n 为闭合面的法向. 二维情况, $B_z = 0$

$$\boldsymbol{F} = \oiint_s \left\{ \left[\nu_0 \left(B_x^2 - \dfrac{1}{2} B^2 \right) n_x + \nu_0 B_y B_x n_y \right] \mathrm{i} + \right.$$

$$\left. \left[\nu_0 B_x B_y n_x + \nu_0 \left(B_y^2 - \dfrac{1}{2} B^2 \right) n_y \right] \mathrm{j} \right\} \mathrm{d}s \tag{5.9}$$

旋转电机中,计算作用在转子上的电磁力,一般闭合曲面选在通过气

隙的圆柱面上,于是有

$$F = \oint_l \left[\frac{1}{\mu_0} B(Bn) - \frac{1}{2\mu_0} B^2 n \right] l_i \mathrm{d}l \qquad (5.10)$$

进一步有

$$
\begin{aligned}
F &= \oint_l \left[\frac{1}{\mu_0} (B_n n + B_t t) B_n - \frac{1}{2\mu_0} B^2 n \right] l_i \mathrm{d}l \\
&= \oint_l \left[\frac{1}{2\mu_0} (B_n^2 - B_t^2) n + \frac{1}{\mu_0} B_n B_t t \right] l_i \mathrm{d}l \\
&= F_n n + F_t t \qquad (5.11)
\end{aligned}
$$

由此可见,作用于电机转子上的切向电磁力密度

$$f_t = \frac{1}{\mu_0} B_n B_t \qquad (5.12)$$

电磁转矩由切向力产生,如果沿半径 r 的圆周积分,则电磁转矩的表达式为

$$T_{em} = \frac{L_{ef}}{\mu_0} \int_0^{2\pi} r^2 B_r B_\theta \mathrm{d}\theta \qquad (5.13)$$

式中,r 位于气隙中的任意圆周半径;B_r、B_θ 分别为半径 r 处气隙磁密的径向和切向分量. 对于选定的半径,r 为常数. 实际上,因气隙中没有载流导体和铁磁物质,其力密度为 0,体积分为 0,因而圆柱面可取任意一个半径,其结果是相同的.

显然,应用麦克斯韦应力张量法计算电磁转矩每次只需进行一次磁场计算,相对磁能法运算量小. 在纯有限元法中,无论采用虚位移法还是应力张量法,都要求有良好的气隙网格剖分,才能获得较精确的转矩计算值. 由于应力张量法要在气隙中进行线积分,其计算精度不仅受到积分路径上的网格形状影响,而且对不同的积分路径也很敏感. 一般积分路径总是取在中间层网格上,以获得尽可能准确的计算结果. 因此对气隙网格剖分有较高的要求,其单元形状最好是等边三角形. 有时为

了捕捉到齿槽定位转矩的最大值,不得不在圆周方向作非常精细的剖分,但这在气隙区域内不一定能实现. 采用数值解析结合法,气隙中没有剖分网格,以上问题不存在,计算精度将得到保证.

5.3 气隙磁密解析解的应用

采用数值解析结合法计算电机磁场,可以获得气隙磁密的解析解,由式(2.4)、(2.5)和式(2.9),有

$$B_{\mathrm{r}} = \frac{p}{r}\sum_{n=1}^{\infty}\frac{n}{\Delta_n}\{-[a_n(r^{np}/R_{\mathrm{r}}^{np}-R_{\mathrm{r}}^{np}/r^{np})-$$
$$c_n(r^{np}/R_{\mathrm{s}}^{np}-R_{\mathrm{s}}^{np}/r^{np})]\sin np\theta +$$
$$[b_n(r^{np}/R_{\mathrm{r}}^{np}-R_{\mathrm{r}}^{np}/r^{np})-$$
$$d_n(r^{np}/R_{\mathrm{s}}^{np}-R_{\mathrm{s}}^{np}/r^{np})]\cos np\theta\} \tag{5.14}$$

$$B_{\theta} = \frac{p}{r}\sum_{n=1}^{\infty}\frac{n}{\Delta_n}\{-[a_n(r^{np}/R_{\mathrm{r}}^{np}+R_{\mathrm{r}}^{np}/r^{np})+$$
$$c_n(r^{np}/R_{\mathrm{s}}^{np}+R_{\mathrm{s}}^{np}/r^{np})]\cos np\theta +$$
$$[-b_n(r^{np}/R_{\mathrm{r}}^{np}+R_{\mathrm{r}}^{np}/r^{np})+$$
$$d_n(r^{np}/R_{\mathrm{s}}^{np}+R_{\mathrm{s}}^{np}/r^{np})]\sin np\theta\} \tag{5.15}$$

代入式(5.13)

$$T_{em} = \frac{L_{ef}}{\mu_0}\int_0^{2\pi}r^2 B_{\mathrm{r}}B_{\theta}\mathrm{d}\theta = \frac{2\pi L_{ef}p^2}{\mu_0}\sum_{n=1}^{\infty}\frac{n^2}{\Delta_n}(b_nc_n-a_nd_n) \tag{5.16}$$

从上式可见,电磁转矩的大小确实与所取闭曲面的半径大小无关. 在获得气隙磁场密度解析表达式后,只需通过有关系数的计算即可求得电磁转矩,不会受到剖分网格的困扰,不仅方便,精度也可以保证. 依照上述方法计算了6极18槽永磁无刷电机的齿槽定位转矩,计算结果见图5.3.图中可见,该电机的齿槽定位转矩比较大,变化周期为

60°电角度,即一个槽距角. 图 5.4 是根据负载电流计算的电机电磁转
矩. 图 5.5 显示了扣除定位转矩后的转矩波形,除了齿槽定位转矩,负
载运行时电流换向是引起转矩波动的重要原因.

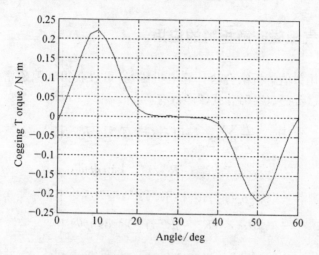

图 5.3　齿槽定位转矩

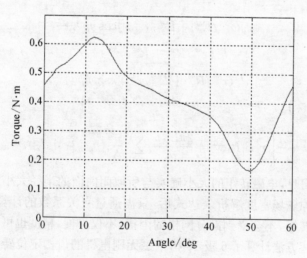

图 5.4　电磁转矩曲线

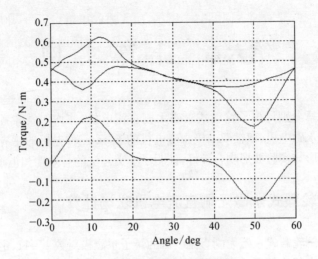

图 5.5   电磁转矩的不同分量

第六章 计 算 实 例

本章分别计算了轮毂式永磁无刷直流电机、非均匀气隙各相解耦正弦波永磁电机、双馈双凸极永磁电机的磁场. 三种电机的感应电动势计算波形与实验波形吻合较好, 证明了本文方法的有效性和正确性.

6.1 轮毂式永磁无刷直流电机磁场计算

本例轮毂式永磁无刷直流电机的转子永磁极对数 $p=11$、定子槽数 $Q=24$. 电机定转子铁心如图 6.1 所示. 利用周期性, 磁场计算区域选为半圆区域. 网格剖分见图 6.2, 总节点数 4 537、单元数 8 310, 其中定转子气隙表面节点数分别为 253 和 199. 气隙磁场解析解的级数展开的项数取为 100. 空载磁场计算的磁力线分布见图 6.3. 为了计算电机的感应电动势, 还要将转子位置进行转动. 因为定转子的位移是相对的, 计算时将内定子进行转动. 图 6.4~6.7 为不同位移角的磁场分布.

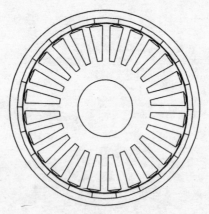

图 6.1 轮毂式永磁无刷电机定子和转子

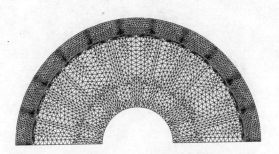

图 6.2　磁场计算区域网格剖分

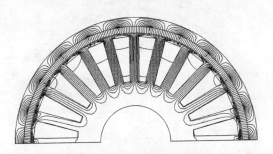

图 6.3　空载磁场分布图

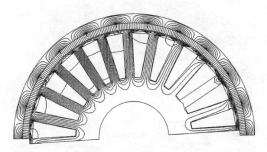

图 6.4　相对转动 30°电角度时空载磁场分布图

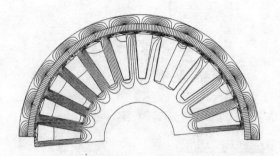

图 6.5　相对转动 60°电角度时空载磁场分布图

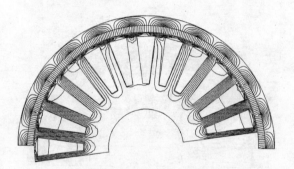

图 6.6　相对转动 90°电角度时空载磁场分布图

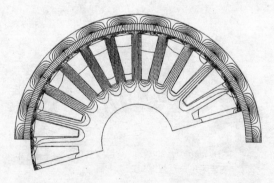

图 6.7　相对转动 180°电角度时空载磁场分布图

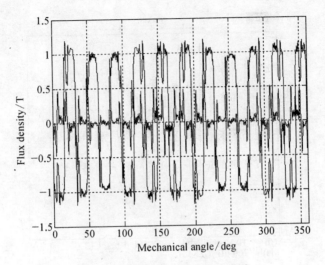

图 6.8 气隙磁密 B_r、B_θ 分布曲线

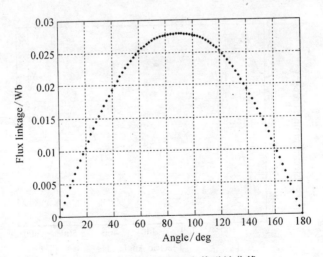

图 6.9 电机 A 相绕组空载磁链曲线

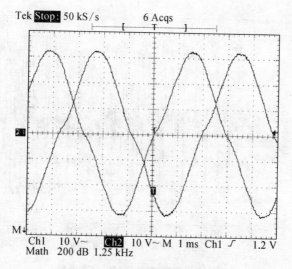

图 6.10　感应电动势实测曲线

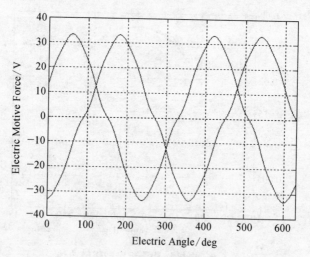

图 6.11　感应电动势计算曲线

根据磁场计算结果,由气隙磁场解析表达式可以方便地得到气隙内任意处的磁密.图 6.8 是平均气隙半径处气隙磁密径向分量和切向分量的分布曲线.图中直观地反映出齿槽对磁密分布的影响.将转角位置每隔 2°电角度计算一次磁场,从而得到电机绕组磁链变化曲线见图 6.9.该磁链曲线是转角位置的周期函数,采用曲线拟合方法,求得磁链曲线各次谐波的系数,也就得到了磁链函数的数学表达式.然后对磁链函数求导即可计算出绕组感应电动势.图 6.10 为感应电动势实测曲线,图 6.11 为感应电动势的计算曲线,两者吻合较好.对于本例,求解区域为半个圆周,电角度为 1 980°.从图 6.7 可见,即使转过 180°电角度,转子在空间的移动量也不大.若采用纯有限元法,按每隔 2°电角度剖分,那么在半个圆周的气隙线上至少要有 991 个节点.显然,在气隙内采用如此高密度剖分是无法承受的.由此也体现出数值解析结合法的优势之处.

6.2 各相解耦正弦波永磁电机磁场计算[74]

各相解耦的正弦波永磁电机通过磁路结构的特殊设计,实现了电机各相磁路的解耦,为电机的解耦控制提供了方便;采用并联聚磁式转子磁路结构,可以获得较高的气隙磁密,有利于提高电机的功率密度和较好的动态性能;此外通过对电机定转子磁路结构的优化设计,有效抑制了电机齿谐波和感应电动势的谐波含量,有利于实现高品质的转矩输出,满足高性能驱动系统的要求.

该电机极对数 $p=5$、定子槽数 $Q=12$.定转子结构如图 6.12、6.13所示.样机的实物照片如图 6.14、6.15 所示.

该电机的磁极表面与定子内表面不是同心圆,于是形成非均匀气隙.目的是改善感应电动势的波形.数值解析结合法的气隙磁场数学模型是针对均匀气隙区域的,对于非均匀气隙,不妨作适当的处理.在气隙中划分出均匀部分作为气隙区域,余下非均匀部分归到转子边.于是数值解析结合法同样可以采用.图 6.16 是磁场求解区域的

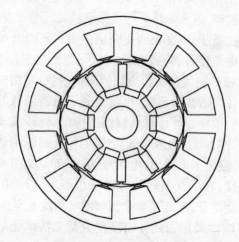

图 6.12　电机定转子结构

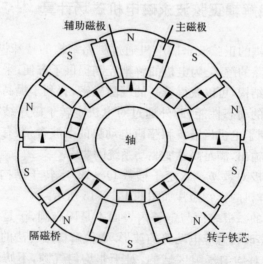

图 6.13　采用辅助磁极的并联聚磁式转子结构

图 6.14 样机的定子实物照片

图 6.15 样机的转子实物照片

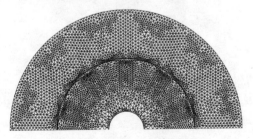

图 6.16 磁场区域网格剖分

网格剖分,图 6.17 是空载磁场分布图. 图 6.18～6.21 为转子转动 30°、45°、90°、120°电角度时空载磁场分布图.

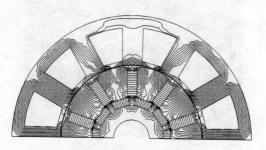

图 6.17　空载磁场分布图

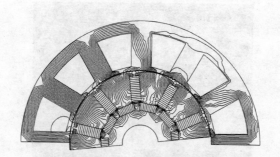

图 6.18　转动 30°电角度时空载磁场分布图

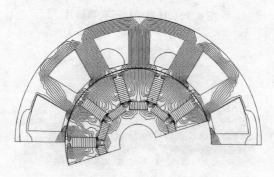

图 6.19　转动 45°电角度时空载磁场分布图

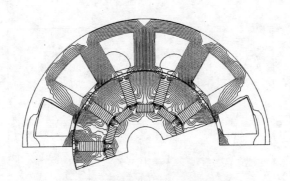

图 6.20　转动 90°电角度时空载磁场分布图

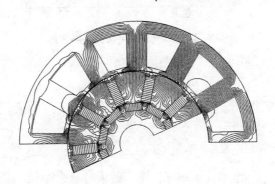

图 6.21　转动 120°电角度时空载磁场分布图

　　通过每隔 2°电角度转动转子,由磁场计算得到绕组磁链,进而求得绕组感应电动势.图 6.22、6.23 分别为感应电动势的实测波形和计算波形,比较可见两者吻合较好.图 6.24 为电机齿槽定位转矩计算波形,该电机额定功率为 320 W,额定转速为 1 000 转/分,则额定转矩为 3.056 N·m,相比较齿槽定位转矩非常小.该电机采用分数槽、非均匀气隙和主辅磁极等措施,取得了较理想的效果.

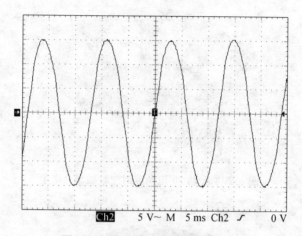

图 6.22　形卡感应电动势实测波形

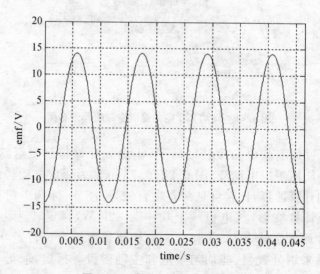

图 6.23　感应电动势计算波形

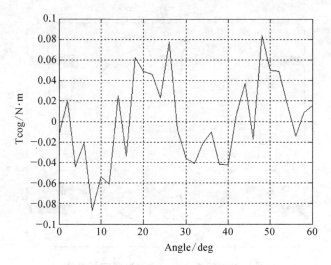

图6.24 齿槽定位转矩计算波形

6.3 双馈双凸极永磁电机磁场计算[75]

双馈双凸极永磁电机是开关磁阻电机和永磁无刷直流电机的有机结合体,它具有高效、高功率密度以及结构简单等显著特点.本文分析的双凸极永磁电机定转子齿极数分别为 6 和 4,转子与一般开关磁阻电机转子相同.定子上有三相绕组,另外还附加了直流励磁绕组和永磁体,并引入了辅助气隙,因此电机的磁场情况比较复杂.其定子结构示意图如图 6.25 所示.电机样机及转子照片见图 6.26、6.27.该电机定子中有永磁体,即使定子三相绕组不通电,电机内部也有磁场.图 6.28 为求解区域网格剖分.图 6.29 为定子绕组空载磁链曲线.图 6.30 为转子齿极与定子 A 相齿对齐时空载磁场分布,图 6.31 为转过 45°时的空载磁场分布.

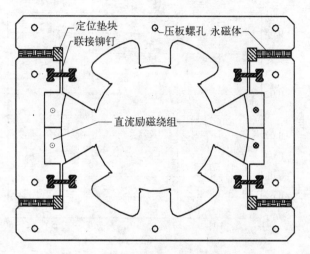

图 6.25 双馈双凸极永磁电机定子结构

图 6.26 双馈双凸极永磁电机样机

图 6.27　直极、斜极转子铁心照片

图 6.28　求解区域网格剖分组装照片

图 6.29　定转子齿对齿时空载磁场分布

图 6.30　转子齿极转过 45°时空载磁场分布

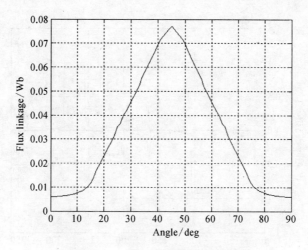

图 6.31　定子绕组空载磁链计算曲线

图 6.32、图 6.33 分别为转子齿极位置 0°和 45°时径向、周向气隙磁密分布曲线. 同样采用曲线拟合方法, 由磁链曲线计算电机的感应电动势, 图 6.34、图 6.35 分别为绕组空载电动势实测曲线和计算曲线, 两者基本吻合.

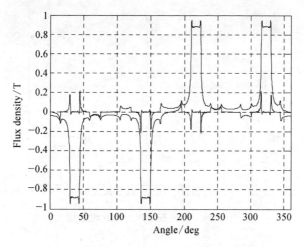

图 6.32　定转子齿对齿时气隙磁密分布曲线

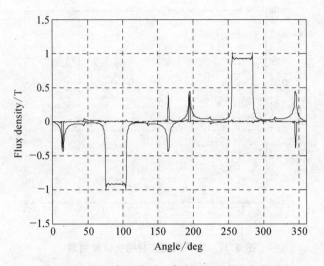

图 6.33　转子齿极转过 45°时气隙磁密分布曲线

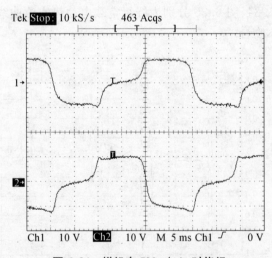

图 6.34　样机在 500 r/min 时绕组

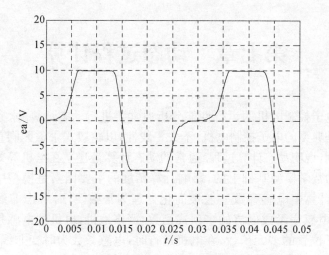

图 6.35 空载电动势计算波形空载电压试验波形

第七章　动态过程计算

电子控制电机的运行性能分析通常要进行动态计算. 永磁无刷电机是典型的电子控制电机, 不失一般性, 以轮毂式永磁无刷直流电机为例, 说明动态计算过程. 通常的动态计算是建立在电机等效参数描述的数学模型基础上的, 影响计算精度的主要因素是模型中的参数. 在计算中电感参数一般被简化处理为常数, 有时考虑非线性因素, 把电感表示成电流的多项式函数. 严格地讲, 电机的电感是电流和转子位置的多元函数, 在电机运行时, 电感参数为时变非线性. 为了能真实反映电机内部的电磁过程, 提高计算准确性, 应该将磁场的变化和电流的变化同时考虑. 这也是采用场路耦合法的原因. 但是, 场路耦合法使方程的复杂程度大大增加, 计算用时也大幅度增加. 而采用数值解析结合法, 转子能够灵活自由转动, 于是可以采取另一种途径计算动态过程. 首先通过磁场计算获得电机绕组在不同电流和转子位置时的磁链函数值, 为动态过程计算作好准备; 然后建立用磁链函数描述的电机非线性动态数学模型, 进行动态计算. 这样将动态计算与磁场计算分开, 避免原本难度颇高的两类计算混合产生更复杂的局面. 由于动态计算采用的是由磁场计算获得的精确的磁链函数模型, 精度有保证. 动态计算独立进行, 一方面可以根据需要计算转速变化或转速恒定的动态过程, 另一方面更能适应电路拓扑结构的变化, 方法的通用性提高.

7.1　永磁无刷电机的非线性数学模型

电机定子绕组的电压方程式

$$u = Ri + p\psi \tag{7.1}$$

式中,电压向量 $\boldsymbol{u} = \begin{bmatrix} u_a & u_b & u_c \end{bmatrix}^{\mathrm{T}}$,电流向量 $\boldsymbol{i} = \begin{bmatrix} i_a & i_b & i_c \end{bmatrix}^{\mathrm{T}}$,磁链向量 $\boldsymbol{\psi} = \begin{bmatrix} \psi_a \psi_b \psi_c \end{bmatrix}^{\mathrm{T}}$. 电阻矩阵 $\boldsymbol{R} = \mathrm{diag}\begin{bmatrix} r & r & r \end{bmatrix}$. 上标 T 表示转置,下标 a, b, c 表示三相绕组. $p = \mathrm{d}/\mathrm{d}t$,表示对时间的导数.

考虑到绕组端部漏磁链与饱和及转子位置无关,与之对应的端部漏电感是常数. 因此将其从总磁链中分离出来,并用下标 l 表示,则磁链表达式为

$$\psi_a = \psi_{am} + \psi_{al}$$
$$\psi_b = \psi_{bm} + \psi_{bl}$$
$$\psi_c = \psi_{cm} + \psi_{cl} \tag{7.2}$$

其中,下标 m 意味着主磁链及互磁链,包括定转子互感磁链、定子自感磁链、定子互感磁链,与磁路饱和及转子位置有关,是电流和转子位置角的函数. 由于饱和导致非线性,这部分磁链不宜细分,不妨表示为

$$\psi_{am} = f_{am}(i_a, i_b, i_c, \theta)$$
$$\psi_{bm} = f_{bm}(i_a, i_b, i_c, \theta)$$
$$\psi_{cm} = f_{cm}(i_a, i_b, i_c, \theta) \tag{7.3}$$

针对具体的电机,以上关系式可以通过磁场计算得到. 由于转子能够自由地转动,数值解析结合法在计算磁链函数值时显示了其优越性. 端部漏磁链可表示为

$$\psi_l = L_l i \tag{7.4}$$

其中,L_l 为端部漏电感. 将式(7.2)、(7.4)代入式(7.1)

$$u_a = r i_a + L_l \frac{\mathrm{d}i_a}{\mathrm{d}t} + \frac{\mathrm{d}\psi_{am}}{\mathrm{d}t}$$

$$u_b = r i_b + L_l \frac{\mathrm{d}i_b}{\mathrm{d}t} + \frac{\mathrm{d}\psi_{bm}}{\mathrm{d}t}$$

$$u_c = ri_c + L_l \frac{\mathrm{d}i_c}{\mathrm{d}t} + \frac{\mathrm{d}\psi_{cm}}{\mathrm{d}t} \tag{7.5}$$

上式中的各相磁链是电流和转子位置角的多元函数,对其求导是复合函数求导,以 a 相磁链为例

$$\frac{\mathrm{d}\psi_{am}}{\mathrm{d}t} = \frac{\partial \psi_{am}}{\partial i_a}\frac{\mathrm{d}i_a}{\mathrm{d}t} + \frac{\partial \psi_{am}}{\partial i_b}\frac{\mathrm{d}i_b}{\mathrm{d}t}$$

$$+ \frac{\partial \psi_{am}}{\partial i_c}\frac{\mathrm{d}i_c}{\mathrm{d}t} + \frac{\partial \psi_{am}}{\partial \theta}\frac{\mathrm{d}\theta}{\mathrm{d}t} \tag{7.6}$$

对于永磁无刷直流电机,运行状态可分为单流模式(两相导通)和换流模式(三相导通)两种形式. 根据不同的运行状态,列出相应的端部条件.

单流模式

以 a、b 相导通为例,且 a 相电流为正. 电压关系为

$$U = u_a - u_b \tag{7.7}$$

电流关系

$$i_a = -i_b, \ i_c = 0 \tag{7.8}$$

其中,U 为外施直流电压. 根据以上端部条件,由式(7.5)得

$$u_a - u_b = 2ri_a + 2L_l\frac{\mathrm{d}i_a}{\mathrm{d}t} + 2\left(\frac{\partial \psi_{am}}{\partial i_a} - \frac{\partial \psi_{bm}}{\partial i_a}\right)\frac{\mathrm{d}i_a}{\mathrm{d}t}$$

$$+ \left(\frac{\partial \psi_{am}}{\partial \theta} - \frac{\partial \psi_{bm}}{\partial \theta}\right)\frac{\mathrm{d}\theta}{\mathrm{d}t} \tag{7.9}$$

将 a 相电流作为待求量,上式写为

$$\left(L_l + \frac{\partial \psi_{am}}{\partial i_a} - \frac{\partial \psi_{bm}}{\partial i_a}\right)\frac{\mathrm{d}i_a}{\mathrm{d}t} = \frac{1}{2}\left[U - 2ri_a - \left(\frac{\partial \psi_{am}}{\partial \theta} - \frac{\partial \psi_{bm}}{\partial \theta}\right)\frac{\mathrm{d}\theta}{\mathrm{d}t}\right] \tag{7.10}$$

在磁链函数已知的条件下,求解上述方程可以求得电机在单流模式

时的电流变化情况.

换流模式

设 a 相导通,电流从零开始增大,c 相关断,电流由正下降为零.
电压关系

$$U = u_a - u_b \tag{7.11}$$

$$u_b = u_c$$

电流关系

$$i_a + i_b + i_c = 0 \tag{7.12}$$

于是有

$$u_a - u_b = r(i_a - i_b) + L_l \left(\frac{\mathrm{d}i_a}{\mathrm{d}t} - \frac{\mathrm{d}i_b}{\mathrm{d}t} \right) +$$

$$\left(\frac{\partial \psi_{am}}{\partial i_a} - \frac{\partial \psi_{bm}}{\partial i_a} + \frac{\partial \psi_{bm}}{\partial i_c} - \frac{\partial \psi_{am}}{\partial i_c} \right) \frac{\mathrm{d}i_a}{\mathrm{d}t} -$$

$$\left(\frac{\partial \psi_{bm}}{\partial i_b} - \frac{\partial \psi_{am}}{\partial i_b} + \frac{\partial \psi_{am}}{\partial i_c} - \frac{\partial \psi_{bm}}{\partial i_c} \right) \frac{\mathrm{d}i_b}{\mathrm{d}t} +$$

$$\left(\frac{\partial \psi_{am}}{\partial \theta} - \frac{\partial \psi_{bm}}{\partial \theta} \right) \frac{\mathrm{d}\theta}{\mathrm{d}t} \tag{7.13}$$

$$0 = r(i_a + 2i_b) + L_l \left(\frac{\mathrm{d}i_a}{\mathrm{d}t} + 2 \frac{\mathrm{d}i_b}{\mathrm{d}t} \right) +$$

$$\left(\frac{\partial \psi_{bm}}{\partial i_a} - \frac{\partial \psi_{bm}}{\partial i_c} - \frac{\partial \psi_{cm}}{\partial i_a} + \frac{\partial \psi_{cm}}{\partial i_c} \right) \frac{\mathrm{d}i_a}{\mathrm{d}t} +$$

$$\left(\frac{\partial \psi_{bm}}{\partial i_b} - \frac{\partial \psi_{bm}}{\partial i_c} - \frac{\partial \psi_{cm}}{\partial i_b} + \frac{\partial \psi_{cm}}{\partial i_c} \right) \frac{\mathrm{d}i_b}{\mathrm{d}t} +$$

$$\left(\frac{\partial \psi_{bm}}{\partial \theta} - \frac{\partial \psi_{cm}}{\partial \theta} \right) \frac{\mathrm{d}\theta}{\mathrm{d}t} \tag{7.14}$$

表达式中有三相磁链,且都是三相电流的函数. 考虑到端部条件,写
成矩阵形式

$$\begin{pmatrix} L_l + \dfrac{\partial \psi_{am}}{\partial i_a} - \dfrac{\partial \psi_{bm}}{\partial i_a} + \dfrac{\partial \psi_{bm}}{\partial i_c} - \dfrac{\partial \psi_{am}}{\partial i_c} & -L_l - \dfrac{\partial \psi_{bm}}{\partial i_b} + \dfrac{\partial \psi_{am}}{\partial i_b} - \dfrac{\partial \psi_{am}}{\partial i_c} + \dfrac{\partial \psi_{bm}}{\partial i_c} \\ L_l + \dfrac{\partial \psi_{bm}}{\partial i_a} - \dfrac{\partial \psi_{bm}}{\partial i_c} - \dfrac{\partial \psi_{cm}}{\partial i_a} + \dfrac{\partial \psi_{cm}}{\partial i_c} & 2L_l + \dfrac{\partial \psi_{bm}}{\partial i_b} - \dfrac{\partial \psi_{bm}}{\partial i_c} - \dfrac{\partial \psi_{cm}}{\partial i_b} + \dfrac{\partial \psi_{cm}}{\partial i_c} \end{pmatrix} \begin{pmatrix} \dfrac{di_a}{dt} \\ \dfrac{di_b}{dt} \end{pmatrix}$$

$$= \begin{pmatrix} -r & r \\ -r & -2r \end{pmatrix} \begin{pmatrix} i_a \\ i_b \end{pmatrix} + \begin{pmatrix} U + \dfrac{\partial \psi_{bm}}{\partial \theta} - \dfrac{\partial \psi_{am}}{\partial \theta} \\ \dfrac{\partial \psi_{cm}}{\partial \theta} - \dfrac{\partial \psi_{bm}}{\partial \theta} \end{pmatrix} \dfrac{d\theta}{dt} \qquad (7.15)$$

如果是分析稳态运行,则可以认为转速恒定,于是

$$\omega = \frac{\mathrm{d}\theta}{\mathrm{d}t} \qquad (7.16)$$

保持不变. 根据以上两种运行模式的数学模型,就可进行永磁无刷电机的动态过程的计算.

7.2 动态过程的求解

针对电机转速已经达到稳定时,电机的电磁动态过程的计算. 状态变量选择为

$$X = \begin{bmatrix} x_1 x_2 x_3 x_4 x_5 \end{bmatrix} \qquad (7.17)$$

其中,前两项分别代表 a、b 相绕组电流. 在换流模式中,a 相电流为零开始通电,$ia(0) = 0, -ib(0) = ic(0) = i0$;当 ic 等于零时,换流过程结束,进入单流模式. 为了判断以后各相电流的换向时刻,将角速度、位置角也作为状态变量. 于是

$$\frac{\mathrm{d}x_3}{\mathrm{d}t} = \frac{\mathrm{d}\omega}{\mathrm{d}t} = 0$$

$$\frac{\mathrm{d}x_4}{\mathrm{d}t} = \frac{\mathrm{d}\theta}{\mathrm{d}t} = \omega \qquad (7.18)$$

其中,θ 的初值为 $-\pi/3p$,p 为极对数. 随着时间的增加,θ 也逐渐增

大,当 θ 为零时,则说明新一轮换流开始. 比如,上一轮是 a 相绕组从电流为零开始通电,经过换流模式和单流模式,完成一轮计算. 下一轮将是 b 相从电流为零开始通电. 利用其对称性,将刚结束的单流模式中状态变量的终止值作为本轮换流模式状态变量的起始值,而状态方程的形式是相同的. 根据周期性,计算过程只需进行一个周期. 由于换流结束时刻是随机的,为能精确的确定换流时刻,动态计算中把时间 t 也作为状态变量,显然有

$$\frac{\mathrm{d}x_5}{\mathrm{d}t} = \frac{\mathrm{d}t}{\mathrm{d}t} = 1 \qquad (7.19)$$

实际计算时,从换流模式开始,给定电压、转速和电流初值,求解换流模式时的状态方程,其间不时判断 c 相电流是否到零. 如果为零,则转为单流模式. 单流模式中,则要判断转子位置角是否到零,如果到零,则单流模式结束,状态变量重新赋初值,进入下一轮的换流模式.

7.3 磁链函数计算

在动态计算之前,首先要计算出运行过程中电机绕组的磁链. 这时要把电机绕组电流与转子位置可能出现的各种组合考虑周到. 对于无刷直流电机,分别要计算换流和单流两种模式时的磁链.

换流阶段时间比较短暂,但是电机三相绕组均有电流. 转子位置角所取范围为 θ=[−2, 10] 电角度. 电流 ia=[0, IN], ib=[−IN, 0], ic=[0, IN]. 如果转子位置每隔 2°取一点,每相电流平均取 7 点,所需磁场计算次数为 7×7×7×7=2 401 次. 单流模式中转子位置转动范围比较大,但是只有两相通电,所需磁场计算次数较少,但也大约为 900 次.

两种模式总的磁场计算次数非常多,在没有实现转子自由转动时,这是几乎不可能完成的事情. 本文采用数值解析结合法,计算中

转子可以自由转动,在设置好转角和电流的变化组合后,计算过程将自动完成,不必人工干预. 只是计算时间比较长,与每次磁场计算所化时间有关. 如果按平均一次化时 2 分钟计,以上磁场计算所需时间大约为 3 300×2/60=110 小时, 将近 5 天 5 夜. 虽然费时间, 但是一旦磁链函数计算完成后,给以后的动态计算提供了方便,不仅计算迅速,而且适应性强,无论是六阶方波控制还是 PWM 控制, 都能计算.

7.4　计算举例

以第六章中的一台 22 极 24 槽轮毂式永磁无刷电机为例,其定转子结构见图 6.1. 图 7.1 是三相导通时磁链函数曲面,因为此时磁链是转子位置及 a、b、c 相电流的多维函数,为了在三维空间显示图形,将 b 相和 c 相电流设为常数. 图 7.2 是两相导通时磁链函数曲面,同样此时磁链是转子位置及 a、b 相电流的函数,图形显示时将 b 相电流设为常数.

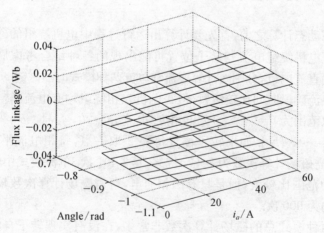

图 7.1　三相导通时的磁链函数

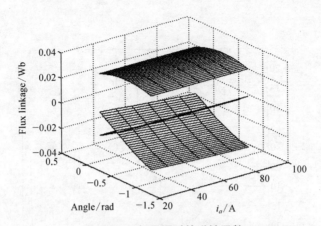

图 7.2　两相导通时的磁链函数

　　稳态转速为 800 rpm 时,实际测量波形和电流计算波形见图 7.3、图 7.4.稳态转速为 680 rpm 时,实际测量波形和电流计算波形见图 7.5、图 7.6.可以看出计算与实测吻合较好,说明本文方法是可行和有效的.由于磁链函数事先已经计算好了,不同稳态转速时的电磁动态计算可以方便地进行,不需要再次进行磁场计算,体现出本文方法的好处.

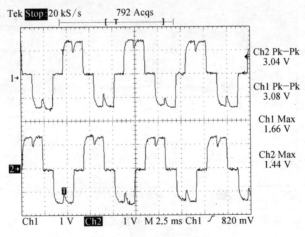

图 7.3　电流测量波形

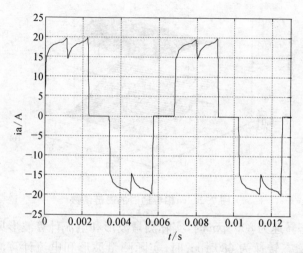

图 7.4 电流计算波形

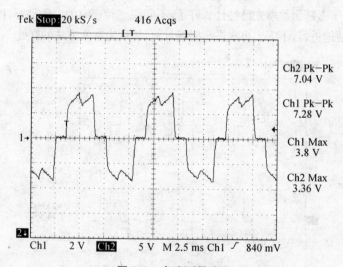

图 7.5 电流测量波形

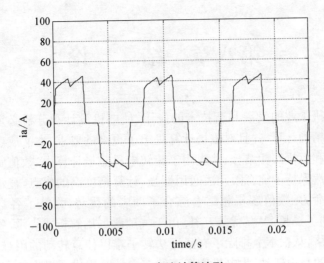

图 7.6 电流计算波形

第八章 结 论

电机工业的发展和新技术的应用,使电机设计和分析必须借助磁场的精确计算,并且对磁场计算提出了更高的要求. 本文成功地将数值法和解析法相结合,并应用于旋转电机磁场计算中. 数值解析结合法依然保持了纯有限元法通用性强、计算精度高的优点,显示出强大的生命力. 数值解析相结合综合了两者的优势,弥补了各自的不足,做到了扬长避短、优势互补. 由于气隙磁场用解析式表示,气隙区域无网格,从根本上排除了有限元法转子难以任意转动的困难,实现了转子的自由转动,为电机磁场连续多次计算提供了极大的方便. 由于定转子区域的磁场仍然采用有限元法处理,纯解析法局限性大的缺点也得到了避免. 本文的研究工作表明,有限元和解析法相结合将是旋转电机磁场计算的发展趋势. 主要成果如下:

1. 建立了完整的气隙磁场数学模型. 推导出考虑周期数的旋转电机气隙磁场解析表达式,使电机磁场计算可以在一个周期内完成,减少了计算量. 采用矢量磁位相等的自然交界条件,实现了气隙磁场解析表达式和定转子磁场有限元方程无误差连接,且处理过程简洁.

2. 完成了数值解析结合法计算程序的编制. 通过计算比较表明,数值解析结合法的计算结果与纯有限元法在精细剖分条件下的计算结果相当一致,充分肯定了本文的数值解析结合法的计算精度,说明本文的数值解析结合法完全可以放心使用.

3. 在实现转子的自由转动方面取得了突破,解决了纯有限元法无法圆满解决的难题. 为电机感应电动势、电磁转矩乃至动态过程的顺利计算创造了条件,计算精度也随之提高,对于现代电机设计和分析具有重要意义.

4. 麦克斯韦应力张量法得到了更为有效的应用. 电磁转矩的计

算精度不再受气隙网格形状优劣和积分路径的影响,切实做到了电磁转矩的计算结果与气隙区域内圆周积分半径无关,有利于电磁转矩计算精度的提高.利用转子的自由转动,使最大齿槽定位转矩的计算不再困难.

5. 计算了三种结构特殊的永磁电机磁场.三种电机的磁场计算各有特点,具有一定的难度.本文的计算结果和实验曲线吻合较好,证明了本文方法的正确性和通用性,并且完全可以推广应用于其他类型的旋转电机二维磁场的计算中.

6. 电机的动态计算采用了新的方法.建立了以磁链函数描述的电机非线性动态数学模型.首先利用数值解析结合法计算出绕组磁链函数,然后进行动态计算.将电机的磁场计算和动态仿真两种复杂过程分开,在动态计算中又切实计及了非线性因素,使计算结果更符合实际,且能适应电路拓扑结构的复杂变化,更具有通用性.计算结果和实测曲线比较,证明方法是有效和正确的.

今后的工作可以将数值解析结合法应用于时步法,由于转子能够灵活转动,所以可以预期将会取得更好的效果.根据同样原理,数值解析结合法可以推广到旋转电机三维磁场的计算中.许多结构特殊的电机,如横向磁场电机、轴向磁场电机、爪极电机等都需要三维磁场计算.用有限元法计算电机三维磁场时,转子的转动更加困难,数值解析结合法则能实现三维磁场计算中转子的自由转动.

附录 A 作者在攻读博士学位期间完成的主要工作

发表论文

1. Zhang Y. J. , Jiang J. Z. , Tu G. Z. Numerical-Analytical Method for Magnetic Field Computation in Rotational Electric Machines. *Journal of Shanghai University*, 2003; **7**(3): 270 - 274 (EI 收录)

2. 章跃进,江建中,屠关镇. 应用数值解析结合法计算旋转电机磁场. 电工技术学报,2004;**19**(1): 7 - 11(EI 收录)

3. 章跃进,江建中,屠关镇. 旋转电机磁场计算中转子的自由转动. 2004 台达电力电子新技术研讨会论文集,369 - 372

4. 章跃进,许路,邵定国. 用 VB 实现通用电力分析仪的二次开发. 第七届中国小电机技术研讨会论文集,2002.11,193 - 196

5. 顾伟光,章跃进,黄苏融. 提高无刷直流电机 PWM 调制频率极限的方法. 微特电机,2003;**31**(1): 23 - 24

6. 杜世勤,章跃进. 表面式磁钢永磁无刷电动机气隙磁场及磁阻转矩分析. 微特电机,2004;**32**(8): 8 - 10

7. 杜世勤,章跃进. 表面磁钢永磁无刷电机电磁转矩的解析法分析,微特电机学科发展综述——第五届微特电机专业委员会换届选举暨学术交流会论文集,2004;(4): 36 - 40

8. 包向华,章跃进. 电动车用永磁无刷直流电机回馈制动及储能的研究. 电源技术学报,2004;**2**(2)

9. 包向华,章跃进. 电动车用永磁无刷直流电机电气制动分析与仿真. 微特电机,2006,(11)

10. 包向华,章跃进. 永磁无刷直流电动机换相转矩脉动的分析和削

弱方法. 微特电机,2007,(2)

11. 包向华,章跃进. 基于 SIMULINK 的永磁无刷直流电动机及控制系统的建模与仿真. 电气传动自动化,2005,(4)

12. 包向华,章跃进. 五种 PWM 调制方式对无刷直流电机换相转矩脉动的分析和比较. 中小型电机,2005,(6)

专利申请

一种用于电动自行车的驱动装置,专利申请号:200420022859.4

参加的项目

1. 混合动力电动车电机及控制系统的研究,台达电力电子科教发展基金,已完成

2. 燃料电池机车用轮毂式电机开发研究,美国亚太燃料电池有限公司,已完成

3. 轻小型电动自行车永磁直流电机,上海新莹机电技术开发有限公司,已完成

4. 高性能永磁电机及其控制系统研究,台达电力电子教育发展基金资助项目,项目负责人,在研

5. 旋转电机磁场计算有限元与解析混合法研究,上海市教委项目,项目负责人,在研

附录 B 样机基本设计数据

DPMSM 样机基本设计数据

额定电压	42 V	定子内径	59.6 mm
额定功率	320 W	铁心长度	60 mm
额定转速	1 000 rpm	极数	10
电机相数	3	转子外径	58.9 mm
定子槽数	12	转子内径	18 mm
绕组形式	单层	磁极磁钢种类	钕铁硼
线圈数	6	主磁极磁钢尺寸	10.5 mm×4 mm×30 mm
每相电阻	0.078 Ω	辅助磁极磁钢尺寸	7.2 mm×3 mm×30 mm
定子外径	100 mm		

双凸极永磁电机样机的主要结构设计数据

定子外形尺寸(长×宽)	185×145 mm²
定子内径 Di1	81.2 mm
转子外径 Dr2	80.0 mm
转子内径 Dr1	26.0 mm
铁心长 l	60.0 mm
定子极数	6
转子极数	4
定子极弧	30°
转子极弧	30°
斜极转子倾斜角度	15°
每相电枢绕组匝数	64×2

续　表

励磁绕组匝数	250×2
永磁体尺寸(长×宽×厚)	$60 \times 24 \times 3.5 \ mm^3$
永磁体材料牌号	Nd－Fe－B, YLNF－280L
永磁体剩磁 Br	1.243 T
永磁体矫顽力 Hc	957 kA/m
最大磁能积(BH)max	295 kJ/m^3

参 考 文 献

1 Howe D. Brushless DC motors, permanent magnet machines. *IEE Colloquium on*, 15 Jun 1988, 2/1

2 Lee, E C. Brushless DC: a modern approach to variable speed drives. *Industry Applications Society Annual Meeting*, 1990. *Conference Record of the 1990 IEEE 7 - 12 Oct.* 1990; **12**: 1484 -1488

3 王季秩. 无刷电机的现在与将来. 微特电机, 1999; 27(5): 23 - 24, 45

4 吴建华, 詹琼华, 林金铭. 开关磁阻电机及其发展. 电工技术杂志, 1992; (2): 10 - 13

5 Moghbelli H H, Rashid M H. Performance review of the switched reluctance motor drives, circuits and systems, 1991. *Proceedings of the 34th Midwest Symposium on*, 14 - 17 May 1991; **1**: 162 - 165

6 Liao Y, Liang F, Lipo T A. A Novel Permanent Magnet Motor with Doubly Salient Structure. *IEEE Transactions on Industry Applications*, 1995; **31**(5): 1069 - 1078

7 施进浩, 江建中, 李永斌. 横向磁场永磁电机的研究与发展现状. 微特电机, 2003; 31(5): 3 - 5, 12

8 Zhang Qianfan, Cheng Shukang, Song Liwei, Pei Yulong. Axial excited hybrid reluctant motor applied in electric vehicles and research of its axial coil signal. *IEEE Transactions on Magnetics*, 2005, **41**(1): 518 - 5214

9 侯书红, 亚尔·买买提. 盘式电机在我国的发展及其展望. 微特电机, 1998; **26**(4): 30 - 33

10 Jahus T M. Pulsating torque minimization techniques for permanent magnet AC motor drives-a review. *IEEE Transactions on Industrial Electronics*, 1996; **43**(2): 321 - 330

11 Carlson, Tavares A, Bastos J, Lajoie-Mazenc M. Torque ripple attenuation in permanent magnet synchronous motors, (in Rec). *IEEE Industry*

Applications, Soc. Annu, Meet, 1989, 578 - 612

12 Jug M, Hribernik B, Hamler A. Investigation of reluctance torque of brushless DC motor. *Proc. Int, Conf, Elec Machines,* 1990, 132 - 137

13 Jug M, Jiang J, Chen G, J. Wang X, Chau K. A novel poly-phase multipole square-wave permanent magnet motor drive for electric vehicles. *IEEE Transactions on Industry Applications,* 1994; **30**(5): 1258 - 1266

14 Ishikawa T, Slemon, G. A method of reducing ripple torque in permanent magnet motors without skewing. *IEEE Transactions on Magnetics,* 1993; **29**(2): 2028 - 2031

15 Li T, Slemon, G. Reduction of cogging torque in permanent magnet motors. *IEEE Transactions on Magnetics,* 1988; **24**(6): 2901 - 2903

16 程树康, 郑萍. 混合磁路多边耦合电机的基础研究. 中国电机工程学报, 2000; **20**(4): 50 - 53

17 严岚, 贺益康, 杨德荣. 一种复合转子永磁无刷直流电机恒功率弱磁的研究方法. 中国电机工程学报, 2003; **23**(11): 155 - 159

18 徐衍亮, 唐任远. 混合励磁同步电机的结构、原理及参数计算. 微特电机, 2000; 1: 16 - 19

19 江建中, 李永斌, 邹国棠. 改进的定子双馈双凸极永磁电机.（实用新型专利: 03229921. 4)

20 Joon-Ho Lee, Dong-Hun Kim, Il-Han Park. Minimization of higher back-EMF harmonics in permanent magnet motor using shape design sensitivity with B-spline parameterization. *IEEE Transactions on Magnetics,* 2003; **39**(3): 1269 - 1272

21 Bi C, Liu Z J, Chen S X. Estimation of back-EMF of PM BLDC motors using derivative of FE solutions. *IEEE Transactions on Magnetics,* 2000; **36**(4): 697 - 700

22 Tirnovan R, N'diaye A, Miraoui A, Munteanu R. Analysis of feed currents influence on the electromagnetic forces in AC brushless motor with outer rotor. *Electric Machines and Drives Conference,* 2003. IEMDC'03. *IEEE International,* 2003; 3: 1585 -1589

23 Sebastian T, Gangla V. Analysis of induced EMF waveforms and torque ripple in a brushless permanent magnet machine. *IEEE Transactions on*

Industry Applications, 1996; **32**(1): 195 - 200

24 Cros J, Vinassa J M, Clenet S, Astier S, Lajoie-Mazenc M. A novel current control strategy in trapezoidal EMF actuators to minimize torque ripples due to phases commutations. *1993, Fifth European Conference on Power Electronics and Applications*, 1993; **4**: 266 - 271

25 Cho K Y, Bae J D, Chung S K, Youn M J. Torque harmonics minimisation in permanent magnet synchronous motor with back EMF estimation. *IEEE Proceedings-Electric Power Applications*, 1994; **141**(6): 323 - 330

26 陈阳生,林友仰,陶志鹏. 无刷直流电机力矩的解析计算. 中国电机工程学报, 1995; **15**(4): 253 - 260

27 Breton C, Bartolome J, Benito J A, Tassinario G, Flotats I, Lu C W, Chalmers B J. Influence of machine symmetry on reduction of cogging torque in permanent-magnet brushless motors. *IEEE Transactions on Magnetics*, 2000; **36**(5): 3819 - 3823

28 Touzhu Li Slemon G. Reduction of cogging torque in permanent magnet motors. *IEEE Transactions on Magnetics*, 1988; **24**(6): 2901 - 2903

29 Chang Seop Koh, Hee Soo Yoon, Ki Woong Nam, Hong Soon Choi. Magnetic pole shape optimization of permanent magnet motor for reduction of cogging torque. *IEEE Transactions on Magnetics*, 1997; **33** (2): 1822 - 1827

30 Bimal K Bose. Adjustable Speed A. C. Drives-A Technology Status Review, *Proc. IEEE*, 1982; **70**(2): 116 - 135

31 Hamed S A, Chalmers B J. Analysis of variable-voltage thyristor controlled induction motors. *IEEE Proceedings B Electric Power Applications*, 1990; **137**(3): 184 - 193

32 陈坚. 变频调速时异步电机电压(电流)—频率的协调控制. 电气传动, 1985

33 Shoji Nishikata. 无换向器电动机速度控制系统的动态性能分析. 电气传动译丛, 1984

34 赵朝会,王永田,王新威,邢俊敏. 现代交流调速技术的发展与现状. 中州大学学报, 2004; **21**(2): 122 - 125

35 刘竞成. 近代交流调速. 上海交通大学出版社, 1984

36 许大中. 晶闸管无换向器电机. 科学出版社, 1984

37 闫照文,李朗如,袁斌,盛剑霓. 电磁场数值分析的新进展. 微电机, 2000; **33**(4): 33-35

38 屠关镇. 电机电磁场理论的研究. 全国中小型电机学术年会论文集, 1994

39 江建中,傅为农. 异步电机电磁场计算的有限元模型综述. 电工技术杂志, 1998; (1): 1-6

40 高攀,黄放. 电磁学有限元方法的发展状况和应用. 东方电机, 1999; (1): 57-59

41 Zhu Z Q, Jewell G W, Howe D. Finite element analysis in the design of permanent magnet machines. *IEEE Seminar on Current Trends in the Use of Finite Elements (FE) in Electromechanical Design and Analysis* (Ref. No. 2000/013), 14 Jan. 2000, 1/1-1/7

42 Konrad A. Electromagnetic devices and the application of computational techniques in their design. *IEEE Transactions on Magnetics*, 1985; **21**(6): 2382-2387

43 Andersen O W. Finite elements for electric power engineers. *IEEE Power Engineering Review*, 2001; **21**(9): 51-53

44 Qiushi Chen, Konrad A. A review of finite element open boundary techniques for static and quasi-static electromagnetic field problems. *IEEE Transactions on Magnetics*, 1997; **33**(1): 663-676

45 Zhu Z Q, Howe D. Analytical determination of the instantaneous airgap field in a brushless permanent magnet DC motor. *1991 International Conference on Computation in Electromagnetics*, 25-27 Nov. 1991; 268-271

46 Zhu Z Q, Howe D, Bolte E, Ackermann B. Instantaneous magnetic field distribution in brushless permanent magnet DC motors. Ⅰ. Open-circuit field. *IEEE Transactions on Magnetics*, 1993; **29**(1): 124-135

47 Zhu Z Q, Howe D. Instantaneous magnetic field distribution in brushless permanent magnet DC motors. Ⅱ. Armature-reaction field. *IEEE Transactions on Magnetics*, 1993; **29**(1): 136-142

48 Zhu Z Q, Howe D. Instantaneous magnetic field distribution in brushless permanent magnet DC motors. Ⅲ. Effect of stator slotting. *IEEE Transactions on Magnetics*, 1993; **29**(1): 143-151

49 Zhu Z Q, Howe D. Instantaneous magnetic field distribution in permanent

magnet brushless DC motors. Ⅳ. Magnetic field on load. *IEEE Transactions on Magnetics*, 1993; **29**(1): 152 - 158

50 Proca A B, Keyhani A, El-Antably A, Wenzhe Lu, Min Dai. Analytical model for permanent magnet motors with surface mounted magnets. *IEEE Transactions on Energy Conversion*, 2003; **18**(3): 386 - 391

51 Zhang Y J, Ho S L, Wong H C, Xie G D. Analytical prediction of armature-reaction field in disc-type permanent magnet generators. *IEEE Transactions on Energy Conversion*, 1999; **14**(4): 1385 - 1390

52 严岚,贺益康等.基于场路结合的永磁无刷直流电动机仿真.微电机,2001; **34**(1): 3 - 6

53 钱健.用状态方程描述永磁电机控制系统的仿真研究.电力电子技术,1995; (2)

54 孙玉田,杨明,李北芳.电机动态有限元中的运动问题.大电机技术,1997; (6): 35 - 39

55 胡岩.考虑饱和运动的电机瞬态电磁场有限元计算.沈阳工业大学学报, 1996; **18**(2): 38 - 44

56 王群京,孙明施,李国丽,蒋宏波,方凯.表面磁钢无刷直流电动机的电感计算和数字仿真研究.电工技术学报,2001; (1): 21 - 25

57 白凤仙,孙建中等.盘式无刷直流电机动态性能仿真的场路耦合法.太原理工大学学报,1999; **30**(1): 50 - 53

58 孙建中,唐任远等.盘式无刷式直流电动机瞬态电磁场仿真.系统仿真学报,2001

59 Demerdash N A, Bangura J F, Arkadan A A. A time-stepping coupled finite element-state space model for induction motor drives. Ⅰ. Model formulation and machine parameter computation. *IEEE Transactions on Energy Conversion*, 1999; **14**(4): 1465 - 1471

60 Bangura J F, Isaac F N, Demerdash N A, Arkadan A A. A time-stepping coupled finite element-state space model for induction motor drives. Ⅱ. Machine performance computation and verification. *IEEE Transactions on Energy Conversion*, 1999; **14**(4): 1472 - 1478

61 Demerdash N A O, Bangura J F. Characterization of induction motors in adjustable-speed drives using a time-stepping coupled finite-element state-

space method including experimental validation. *IEEE Transactions on Industry Applications*, 1999; **35**(4): 790 - 802

62 Tsukerman I A, Konrad A, Bedrosian G, Chari M V K. A survey of numerical methods for transient eddy current problems. *IEEE Transactions on Magnetics*, 1993; **29**(2): 1711 - 1716

63 Jabbar M A, Hla Nu Phyu, Zhejie Liu, Chao Bi. Modeling and numerical simulation of a brushless permanent-magnet DC motor in dynamic conditions by time-stepping technique. *IEEE Transactions on Industry Applications*, 2004; **40**(3): 763 - 770

64 Wang Yong, Chau K T, Chan C C, Jiang J Z. Transient analysis of a new outer-rotor permanent-magnet brushless DC drive using circuit-field-torque coupled time-stepping finite-element method. *IEEE Transactions on Magnetics*, 2002; **38**(2): 1297 -1300

65 Howe D, Zhu Z Q. The influence of finite element discretisation on the prediction of cogging torque in permanent magnet excited motors. *IEEE Transactions on Magnetics*, 1992; **28**(2): 1080 - 1083

66 韩敬东,严登俊,刘瑞芳,胡敏强. 处理电磁场有限元运动问题的新方法. 中国电机工程学报, 2003; **23**(8): 163 - 167

67 Abdel-Razek A, Coulomb J, Feliachi M, Sabonnadiere J. Conception of an air-gap element for the dynamic analysis of the electromagnetic field in electric machines. *IEEE Transactions on Magnetics*, 1982; **18**（2）: 655 - 659

68 苑津莎,张金堂. 电机暂态过程电磁场数值计算的一种新方法. 华北电力学院学报, 1993;（4）: 1 - 81

69 Chao Bi, Chen S X, Liu Z J, Low T S. Electromagnetic field analysis in rotational electric machines using finite element-analytical hybrid method. *IEEE Transactions on Magnetics*, 1994; **30**(6): 4314 - 4316

70 Lee K, DeBortoli M J, Lee M J, Salon S J. Coupling finite elements and analytical solution in the airgap of electric machines. *IEEE Transactions on Magnetics*, 1991; **27**(5): 3955 - 3957

71 Rasmussen K F, Davies J H, Miller T J E, McGelp M I, Olaru M. Analytical and numerical computation of air-gap magnetic fields in brushless

motors with surface permanent magnets. *IEEE Transactions on Industry Applications*, 2000；**36**(6)：1547－1554

72 胡之光. 电机电磁场的分析与计算. 机械工业出版社, 1982.2

73 汤蕴璆. 电机内的电磁场. 科学出版社, 1981

74 崔巍. 各相解耦永磁同步电机设计及控制技术的研究. 上海大学博士学位论文, 2004

75 李永斌. 定子双馈双凸极永磁电机及其控制系统研究. 上海大学博士学位论文, 2004

76 Liu Z J, Bi C, Tan H C, Low T S. A combined numerical and analytical approach for magnetic field analysis of permanent magnet machines. *IEEE Transactions on Magnetics*, 1995；**31**(3)：1372－1375

77 Tsukerman I A, Konrad A, Bedrosian G, Chari M V K. A survey of numerical methods for transient eddy current problems. *IEEE Transactions on Magnetics*, 1993；**29**(2)：1711－1716

78 Zhilichev Y. Analysis of permanent magnet machines using crossing macro-elements. *IEEE Transactions on Magnetics*, 2000；**36**(5)：3122－3124

79 张成振, 杨国强. 开关磁阻电动机电磁场的二维有限元全场域计算与分析. 华南师范大学学报：自然科学版, 1995；(2)：99－108

80 关慧, 赵争鸣, 孟朔. 变频调速异步电机场路分析中的动态网格剖分. 中小型电机, 2003；**30**(6)：14－17

81 谭弗娃, 金如麟. 现代交流电机控制的现状与展望. 微特电机, 2000；(2)：3－6

82 章名涛, 肖如鸿. 电机的电磁场. 机械工业出版社, 1988

83 干金云, 江建中, 汪信尧. 一种新型的电动车辆用复合式永磁无刷直流电机. 微特电机, 2000；(3)：10－17

84 钟明, 刘卫国. 稀土永磁电机. 国防工业出版社, 1999

85 唐任远. 现代永磁电机理论与设计. 机械工业出版社, 1997

86 孟庆龙, 颜威利. 电器数值分析. 机械工业出版社, 1993

87 江建中, 傅为农. 斜槽异步电动机的多截面有限元法分析. 电工技术学报, 1997；**12**(5)：11－16

88 童怀. 磁阻电机动态特性的非线性分析与计算机仿真. 科学出版社, 2000

89 姜可薰. 电机瞬变过程. 机械工业出版社, 1991

90 高景德,王祥珩,李发海. 交流电机及其系统的分析. 清华大学出版社,1993

91 刘大勇,李殿璞,曲军. 交流变频调速系统的一种通用数字仿真方法. 电工技术学报,2000;15(1):36-40

92 杨彬,江建中. 永磁无刷直流电机调速系统的数字仿真. 上海大学学报(自然科学版),2001;7(6):520-526

93 黄裴梨,王耀明等. 电动汽车永磁无刷电机驱动系统的仿真. 清华大学学报(自然科学版),1995;35(1):77-84

94 黄裴梨,王耀明. 电动汽车永磁无刷直流电机驱动系统低速能量回馈制动的研究. 电工技术学报,1995;(3):28-36

95 张琛. 直流无刷电动机原理及应用. 机械工业出版社,1996

96 吴建华. 开关磁阻电机设计与应用. 机械工业出版社,2000

97 Fu W N, Ho S L, Li H L, Wong H C. A multislice coupled finite-element method with uneven slice length division for the simulation study of electric machines. *IEEE Transactions on Magnetics*, 2003;39(3):1566-1569

98 Sebestyen I, Kodacsy J. Magnetic field and force calculation for magnetic-aided machining devices. *IEEE Transactions on Magnetics*, 2000;36(4):1837-1840

99 Santander E, Ben Ahmed A, Gabsi M. Prediction and measurement of detent torque of a single-phase machine, Electrical Machines and Drives, *1997 Eighth International Conference on (Conf. Publ. No.* 444), 1-3 Sept. 1997;210-214

100 Xia Z P, Zhu Z Q, Howe D. Analytical magnetic field analysis of Halbach magnetized permanent-magnet machines. *IEEE Transactions on Magnetics*, 2004;40(4):1864-1872

101 Tae-Jong Kim, Sang-Moon Hwang, Kyung-Tae Kim, Weui-Bong Jung, Chul-U Kim. Comparison of dynamic responses for IPM and SPM motors by considering mechanical and magnetic coupling. *IEEE Transactions on Magnetics*, 2001;37(4):2818-2820

102 Longya Xu, Ruckstadter E. Direct modeling of switched reluctance machine by coupled field-circuit method. *IEEE Transactions on Energy Conversion*, 1995;10(3):446-454

103 Tsukerman I. Accurate computation of "ripple solutions" on moving finite element meshes. *IEEE Transactions on Magnetics*, 1995; **31**（3）: 1472 - 1475

104 Lu J, Yamada S, Bessho K. Harmonic balance finite element method taking account of external circuits and motion. *IEEE Transactions on Magnetics*, 1991; **27**(5): 4024 - 4027

105 Fu W N, Ho S L, Li H L, Wong H C. An effective method to reduce the computing time of nonlinear time-stepping finite-element magnetic field computation. *IEEE Transactions on Magnetics*, 2002; **38**(2): 441 - 444

106 Sadowski N, Lefevre Y, Neves C G C, Carlson R. Finite elements coupled to electrical circuit equations in the simulation of switched reluctance drives: attention to mechanical behaviour. *IEEE Transactions on Magnetics*, 1996; **32**(3): 1086 - 1089

107 Mohammed O A, Liu S, Ganu S C. Computation of transient magneto-mechanical problems in electrical machines, 2002. *Proceedings IEEE SoutheastCon*, 5 - 7 April 2002, 187 - 191

108 Enokizono M, Miyazaki T. Study on torque improvement of single-phase induction motor by using FEM. *IEEE Transactions on Magnetics*, 1999; **35**(5): 3703 - 3705

109 Salmasi F R, Fahimi B. Modeling switched-reluctance Machines by decomposition of double magnetic saliencies. *IEEE Transactions on Magnetics*, 2004; **40**(3): 1556 - 1561

110 De Gersem H, Weiland T. Harmonic weighting functions at the sliding interface of a finite-element machine model incorporating angular displacement. *IEEE Transactions on Magnetics*, 2004; **40**(2): 545 - 548

111 Fang Deng, Demerdash N A. Comprehensive salient-pole synchronous machine parametric design analysis using time-step finite element-state space modeling techniques. *IEEE Transactions on Energy Conversion*, 1998; **13**(3): 221 - 229

112 Yamaguchi T, Kawase Y, Hayashi Y. Dynamic transient analysis of vector controlled motors using 3 - D finite element method. *IEEE Transactions on Magnetics*, 1996; **32**(3): 1549 - 1552

113 Dreher T，Perrin-Bit R，Meunier G，Coulomb J L. A three dimensional finite element modelling of rotating machines involving movement and external circuit. *IEEE Transactions on Magnetics*，1996；**32**（3）：1070-1073

致　　谢

值此论文完成之际,谨向导师江建中教授致以真挚的感谢. 在攻读博士学位期间,江建中教授从论文选题、课题开展、直至论文定稿的每一阶段都给予我悉心的指导. 导师学识渊博、治学严谨、思路开阔,总能在研究关键处给予重要的指点. 江建中教授一丝不苟的工作态度、诲人不倦的敬业精神、灵活的思维方法使我深受启迪,并受益终身.

在攻读博士期间,我有幸得到屠关镇教授的热心指导和帮助. 屠关镇教授对课题研究的方案和路线提出了重要建议,并无私地提供了他用多年心血完成的电机电磁场有限元分析程序,使我的课题研究有一个良好的基础,在此表示由衷的感谢.

本文获得台达电力电子教育发展基金赞助,在此谨向台达电子有限公司表示衷心感谢.

我特别感谢张东同学、崔巍同学、李永斌同学和特种电机研究室汪信尧工程师、陆春云师傅为课题研究提供的大量电机实验数据,使本人能够进行理论计算与实验数据对照. 感谢王建宽博士、杜世勤博士、郑文鹏博士、刘新华博士、包向华硕士给予许多学术上的帮助和支持. 特种电机研究室研究生中间活跃的学术氛围和团队精神让我受益良多,在此本人感谢求学期间所有同事和同学的帮助和支持.

衷心感谢妻子陆觉民对我的支持、理解和帮助,她分担了我求学期间家庭的辛苦和劳累.

谨以此文献给我的妻子以表达我的感激之情.